全国部分理工类地方本科院校联盟应用型课程教材建设立项教材

暖通空调运行管理
HVAC_S COMMISSIONING

主　编　余晓平

副主编　居发礼

参　编　孙钦荣　刘丽莹　丁艳蕊

ZHEJIANG UNIVERSITY PRESS

浙江大学出版社

图书在版编目（CIP）数据

暖通空调运行管理 / 余晓平主编. -- 杭州 ： 浙江大学出版社，2020.10
　　ISBN 978-7-308-20610-5

　　Ⅰ．①暖… Ⅱ．①余… Ⅲ．①采暖设备－教材②通风设备－教材③空气调节设备－教材 Ⅳ．①TU83

中国版本图书馆CIP数据核字(2020)第181439号

暖通空调运行管理

余晓平　主　编

居发礼　副主编

责任编辑	吴昌雷	
责任校对	王　波	
封面设计	周　灵	
出版发行	浙江大学出版社	
	（杭州市天目山路148号　　邮政编码　310007）	
	（网址：http://www.zjupress.com）	
排　版	杭州林智广告有限公司	
印　刷	杭州钱江彩色印务有限公司	
开　本	787mm×1092mm　1/16	
印　张	15.25	
字　数	316千	
版 印 次	2020年10月第1版　2020年10月第1次印刷	
书　号	ISBN 978-7-308-20610-5	
定　价	49.00元	

前　言

从社会发展看，在民用建筑节能领域，降低建筑使用过程中的能耗、合理高效利用能源已成为暖通空调工程应用创新与发展的重要内容。同时，随着社会的进步，大众越来越清楚健康比舒适更重要，在面对呼吸性流行病传播风险、雾霾天气频发的环境压力下，建筑如何合理通风、暖通空调系统如何安全高效运行等问题，已经成为社会关注的热点。《空调通风系统运行管理标准》重新修订颁布实施，业界急需大量运行管理工程技术人才补充到建筑运行管理岗位。而现有学校建环专业教育的课程设置及教材内容偏重工程设计与安装造价，对运行管理讲授相对较弱，存在重设备轻系统、重视热湿调控而忽视通风运行管理的现象，还没有形成比较系统的暖通空调运营管理的知识体系。本书的出版就是针对暖通空调系统运行阶段，基于"通风优先、热湿匹配、系统优化、动态调控"的室内环境营造原则，重点在暖通空调系统运行调节技术与运营管理制度方面进行介绍，旨在培养从事暖通空调系统运行管理的专门人才，提高暖通空调系统运行管理水平。

本书内容分为10章，针对不同类型暖通空调系统运行调节，结合当前建筑节能管理标准、建筑室内环境质量标准和暖通空调系统运行管理规范，从工程系统角度分别对建筑通风、热湿调控末端设备、常规冷热源和新能源系统、冷热水输配系统、电气系统与自动化系统和暖通空调运行管理制度等方面介绍建筑运行阶段暖通空调系统的调节原理、方法和技术策略，并结合典型工程问题及案例进行分析，介绍运行阶段节能调节的途径和科学管理的有关制度和措施。本书每章内容编排按照数字化立体教材进行编写，包括教学说明、教学目标、导入语、正文、本章小结、习题与讨论和达成评价，其中，正文中主要知识点的工程应用可通过二维码链接提供补充工程案例和拓展阅读在线资源。书中内容体系安排体现了暖通空调系统的理论性和运行调控实用性的恰当结合，强化对学习者工程思维的培养。

本书由重庆科技学院教授余晓平博士担任主编，居发礼博士担任副主编。第1、3、4、5、8、10章由余晓平编写，第2、6章和部分习题由居发礼博士编写，孙钦荣博士参与编写第7章和部分习题，刘丽莹博士编写第9章，全书由余晓平统稿。在教材编写过程中，重庆海润节能研究院付祥钊教授对本教材的内容体系调整给予指导与支持，明确阐述了暖通空调运行管理的工程理念与系统方法。重庆海润节能技术有限公司的丁艳蕊、邓晓梅为教材编写提供了大量的工程案例，并多次参与讨论，对教材内容组织提出了宝贵意见和建议，本教材是校企合作工程教育探索的建设成果。重庆科技学院研究生吴晓林、黄雪参与了教材素材的搜集整理和文字、图片的校对工作。

全书内容注重暖通系统的完整性和各子系统实例的典型性，既可以作为高等工科院校和高等职业教育院校建筑环境与能源应用工程专业独立设课的教材，又可以作为暖通空调工程相关课程的辅助教材，以及作为制冷空调相关高职专业的课程教学用书或制冷空调行业技能培训教材使用，也可供从事暖通空调工程设计、施工、管理、咨询和运行岗位的工程技术人员及相关行业主管部门工作人员作为参考资料阅读和使用。

本书编著过程中参考了大量文献和部分网络资源，主要文献列于书后，但仍有部分参考资料难免疏漏无法一一列出，在此一并感谢。由于编者水平、时间所限，本书在内容取舍、章节安排和文字表达等方面一定还有许多不尽如人意之处，恳请读者批评指正，并提出宝贵意见。关于本书的相关意见和建议请发至邮箱：yuxiaoping2001@126.com。对您的意见和建议，我们深表感谢。

编 者

2020-09-11于重庆科技学院虎溪校区

目 录

第1章 绪 论

本章 PPT

教学说明

本章为绪论，主要介绍课程的主要内容、特色、学习要求和学习方法，通过回顾暖通空调系统基本概念和系统类型，从项目全寿命期角度理解暖通空调运行管理的必要性与重要性，初步建立暖通空调系统运行管理的工程思维和通风优先的室内环境营造理念。本课程课内总学时32~36，课外实践8~16学时。本章推荐课内讲授2学时。

学习目标

在概述暖通空调系统的分类、组成及原理的基础上，结合工程生命周期理论和通风优先的暖通空调设计运行理念，主要讲述暖通空调生命周期概念和系统分析方法，并简要概述暖通空调系统主要节能运行技术，以达到以下学习目标：

（1）理解什么是暖通空调节能运行；

（2）了解暖通空调节能运行要解决的问题；

（3）了解暖通空调节能运行的方法、技术；

（4）建立暖通空调节能运行的工程理念；

（5）建立室内环境通风优先的节能运营工程思维。

导入语

建筑运行管理的重要内容和目标任务是在保障室内环境品质的前提下实现暖通空调系统节能运行。在建筑运行过程中，影响室内空气环境参数的扰量是不断变化的，需要通过科学的调控才能使建筑冷热量的供给与需求保持一致，通过运行管理实现项目节能目标。我国建筑总用能约占社会商品能源消费总量的27.5%，随着人们生活水平的提高，根据发达国家的经验，这一比例还将逐步增加。在公共建筑全年能耗中，暖通空调系统能耗占40%~50%。在国家节能政策鼓励下，暖通空调节能技术不断涌现，既有建筑的节能改造、合同能源管理等项目，更是推动了节能技术的发展。

在工程建设的生命周期各环节中存在以下情况，规划设计环节执行较好，施工管理水平有待提高，建成项目室内环境运营尚未有效开展，暖通空调全年工况设计与运行调节的研究和工程实践都亟待加强，以及机电系统安装调试和节能运行管理人员的专业水平较差。这些都是实现建筑环境健康、舒适、高效和节能减排目标的重要技术障碍。

建筑运行管理节能需要一批专业化的技术队伍，具备暖通空调系统运行调试基本理论和实践方法，在运行管理过程还需要学习电机配电、控制系统和通信网络方面的基本知识，并结合系统与设备控制流程和环境参数测量要求对室内环境进行调节与控制，在满足用户对室内环境品质要求的前提下实现建筑安全、高效、舒适和节能运行。

1.1　建筑室内环境调控概述

建筑室内环境对人们居住舒适的影响主要由生理刺激和心理刺激引起，其中主要因素可以分为声环境、光环境、室内空气品质、热湿环境、电磁辐射环境、水环境和空间感等。"室内环境质量"（Indoor Environmental Quality，简写IEQ）与人体健康、舒适和安全密切相关，是居住者和建筑使用者长期以来一直关注的问题。营造良好的室内环境质量除了受室外自然环境、建筑本体围护结构影响之外，往往要依靠通风、供暖、空调、照明设备和其他设施系统来维持，需要消耗大量的能源。如何兼顾室内环境的健康、舒适和节能，是绿色建筑工程实践与可持续发展的重要问题，也是绿色建筑从"浅绿"走向"深绿"的关键。

暖通空调（Heating, Ventilation and Air Conditioning，缩写HVAC）是人环控制技术，主要功能包括供暖、通风和空气调节这三个技术路径，其任务就是向室内提供冷量或热量，或稀释室内的污染物，以保证室内具有适宜的热舒适条件和良好的空气品质。根据室内环境控制对象与功能不同，暖通空调系统分别为：

（1）供暖（Heating）：又称采暖，是指向建筑物供给热量，保持室内一定温度。如古代的火炕、火炉、火墙、火地等采暖方式，以及今天的采暖设备与供暖系统。根据热量来源不同，供暖有主动供暖和被动采暖，在太阳能资源丰富的地区，建筑应充分利用太阳能被动供暖技术，降低建筑主动供暖需求。

（2）通风（Ventilation）：指为改善生活和生产条件，用自然或机械的方法对某一空间进行换气，以使空气环境满足卫生和安全等要求的技术。送入的空气可以是经过处理的，也可以是不经处理的。通常情况下，通风一般是利用室外空气（称新鲜空气或新风）来置换建筑物内的空气（简称室内空气），以改善室内空气品质。

（3）空气调节（Air Conditioning）：指通过处理和输配空气，实现对某一房间或空间内的温度、湿度、洁净度和空气流动速度等进行调节与控制，并提供足够量的新鲜空气，达到给定条件的技术。空气调节简称空调，随着辐射供冷供暖技术的发展，空气调节已经拓展为空间调节。

1.1.1　室内环境调控的任务与功能

图l.1表示了对民用建筑和工业建筑室内环境进行控制的基本方法。在民用建筑中，如图1.1（a）中的人员、照明灯具、电器和电子设备都要向室内散出热量及湿量。人群不仅是室内的"热、湿源"，还是"污染源"，他们产生CO_2、体味，吸烟时散发烟雾；室内的家具、装修材料、设备等也散发出各种污染物，如甲醛、甲苯，甚至放射性物质，从而导致室内空气品质恶化。夏季由于太阳辐射和室外的温差而使房间获得热量，如果不把这些室内多余热量和湿量从室内移出，必然导致室内温度和湿度升高。冬季，建筑物向室外传出热量或渗入冷风，如不向房间补充热量，必然导致室内温度下降。在工业建筑中，许多工艺设备散出对人体有害的气体、蒸气、固体颗粒等污染物，为保证工作人员的身体健康，必须对这些污染物进行治理。

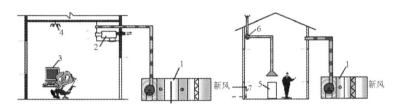

（a）民用建筑　　　　　　（b）工业建筑
图1.1　民用建筑和工业建筑的供暖通风和空调系统
1–新风的空气处理机组；2–风机盘管机组；3–电器和电子设备；
4–照明灯具；5–工艺设备；6–排风风机及排风系统；7–散热器。

图1.1中室内环境控制方案如下：图1.1（a）设置新风系统、风机盘管系统，室内空气通过门窗缝隙渗到室外，从而稀释了污染物。用风机盘管机组（由风机和水/空气换热器—盘管组成），向房间供应冷量（当夏季室内有冷负荷时）或供应热量（当冬季室内有热负荷时）；送入室内的新风先经空气过滤器除去尘粒，并经冷却、去湿（夏季）或加热、加湿（冬季）处理。图1.1（b）设置排除污染物的排风系统、新风系统，新风可以从门、窗渗入，也可以从新风系统送入，从而使厂房内的污染物浓度达到标准或规范所允许的浓度。在寒冷地区，冬季对新风进行加热，并且在车间内设供暖系统，以保持厂房内处于一定的温度。车间内供暖系统和新风加热用的热媒可以是热水或蒸汽。

1.1.2　室内环境调控系统的分类

按对建筑环境控制功能分两类：1）控制热湿环境，有空调、采暖系统；2）控制污染物，通风、建筑防排烟系统。通风和空调控制对象和功能是互有交叉，空调也可稀释污染物，通风也可除去余热余湿。

按承担室内热负荷、冷负荷、湿负荷的介质种类分五类：1）全水系统——全部用水承担建筑冷热负荷；2）全空气系统——通过空气向室内提供冷热量，并调控室内空气品质；3）空气-水系统——共同负担室内冷热湿和污染负荷，如风机盘管加新风系统；4）冷剂系统，即机组式系统——用制冷剂与室内空气换热进行加热、冷却、减湿，如房间空调器、多联机空调系统；5）蒸汽系统——以蒸汽为热媒提供热量，如蒸汽采暖、暖风机、加热加湿空气、加热热水等。

按空气处理设备的集中程度分三类：1）集中式系统——空气集中处理，设空调机房，房间内只有空气分配装置，如全空气系统，其特点是控制管理方便，但机房占地面积大；2）半集中式系统——空气处理设备布置在房间和机房，如全水、空气-水、水环热泵、变制冷剂流量系统，其特点是机房占地少，但维修不方便，噪声影响大等；3）分散式系统——热湿处理设备全部分散在各房间，如空调器、电暖器，其特点是不用机房、风道，但维修管理工作量大，能效低，噪声影响大。

按空调系统用途分两类：1）舒适性空调，主要以人为服务对象，适用于对温湿度控制精度要求不高的民用建筑；2）工艺性空调，主要以工艺过程为服务对象，适用于不同工艺要求差别大的工业建筑。

通风系统以建筑内污染物为主要控制对象，按用途分类：1）工业与民用建筑卫生通风，即控制工业生产过程及人员活动产生的污染物；2）建筑防排烟，即控制建筑火灾烟气流动、人员疏散和安全区送风；3）事故通风，即排除突发事件产生的大量有燃烧、爆炸危害的气体或有害气体、蒸气。

通风系统按服务范围分类：1）全面通风，向整个房间送新鲜空气，稀释污染物浓度；2）局部通风，控制局部区域污染物浓度，分局部排风和局部送风。

通风系统按空气流动的动力分类：1）自然通风，利用室内外风压和热压，不耗能，经济，但可靠性差；2）机械通风，利用风机动力送风或排风，常用，可靠，但耗能；3）混合通风，即自然通风与机械通风的结合，其特点介于两者之间。

1.1.3 典型集中热湿调控系统实例

一般地，典型的建筑集中式热湿调控系统，即广义的集中空调系统，包括冷热源系统、输配系统和末端设备系统三个子系统，如图1.2所示，主要由冷热源机房、输配管网、空调机房、被控房间及室外微环境等组成。

从系统组成看，冷热源机房包括水冷式冷水主机及冷却水循环系统，热源及附属系统；冷热媒输配系统包括空调冷热水循环系统、空调送风系统、房间排风（回风）系统；末端设备包括空调机房的空气处理机组、房间送风口、回风口及排风口等。从关键设备看，空调冷源和热源主机是能量转换设备，空调机组和冷却塔是热质交换设备，冷却水泵、冷冻水泵、热水泵和风机等，是流体输送动力设备。

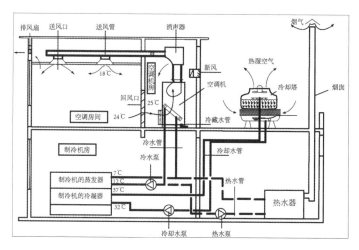

图1.2　集中空调系统组成

供热空调系统工作流程见图1.3所示。该空调系统采用的是水冷式冷水机组集中制备空调冷水，通过冷水泵输配到空调末端设备，空调末端设备按空调分区设置，与空气换热后承担房间空调负荷。供热系统包括锅炉及换热器等一、二次热源，一次泵供热水到建筑高低分区的水箱，再通过二次循环泵供热水到末端用户。此外，冷源主机冷凝器的凝结热可以采用余热回收设备制备热水，供生活热水用户。

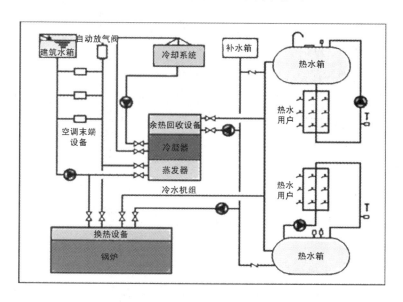

图1.3　供热空调系统工作流程

由于暖通空调系统形式多样，根据建筑功能及分区要求，同一建筑不同区域系统设备及管路布置各有不同，但其基本组成都包括了室内外环境、冷热源、输配系统、末端设备及必要的控制和调节装置等。

暖通空调系统设备和管路配置都是在设计工况下提供满足用户冷热需求和室内空气品质要求的容量。冷热源制备冷热量的能力、泵与风机输配的能力和末端设备的散热能力是满足用户设计工况的最大需求量。项目交付使用后，建筑室内外环境都会发生变化，使环控系统大部分时间处于部分负荷工况运行。因此，对暖通空调系统组成及设备运行调控特点的认识，还要结合具体的建筑功能和运行环境动态特性进行分析，才能实现建筑运行条件下的室内环境品质的科学管理。

1.2 工程项目全过程管理与系统分析方法

1.2.1 全生命周期管理简介

生命周期成本（Life Cycle Cost，简称LCC）管理，最早于20世纪60年代出现在美国军界，主要用于军队航母、激光制导导弹、先进战斗机等高科技武器的管理上。全生命周期管理内容包括对资产、时间、费用、质量、人力资源、沟通、风险、采购的集成管理，通过组织集成将知识、信息集成，将未来运营期的信息向前集成，管理的周期由以项目期为主，转变为以运营期为主的全寿命模式，能更全面地考虑项目所面临的机遇和挑战，有利于提高项目价值。

全生命周期管理具有宏观预测与全面控制两大特征，它考虑了项目从规划设计、建设、运营、拆除和后评价的整个生命周期，避免短期成本行为，并从制度上保证LCC方法的应用；打破了部门界限，将规划、建设、运行等不同阶段的成本统筹考虑，以企业总体效益为出发点寻求最佳方案；考虑所有会发生的费用，在合适的可用率和全部费用之间寻求平衡，找出LCC最小的方案。

1.2.2 建筑工程全生命周期分析方法

用系统方法分析建筑工程的全过程，通过关注建筑工程系统时间的连续性，充分考虑不同阶段建筑技术措施的协同性，来实现建筑工程在全生命周期能源性能的总体优化，达到建筑寿命周期节能的根本目的。

建筑工程的系统分析方法是基于建筑工程的时间结构的连续性、空间结构的层次性和能源环境的动态影响的综合集成，属于一种复杂系统的综合集成方法，具有动态性、层次性和集成性的特征。从建筑工程系统节能的全空间、全过程和建筑能源利用的全方位3个维度，构建建筑节能工程运行的系统认识，并指导建筑节能工程实践，其工程思维层次结构如图1.4所示。

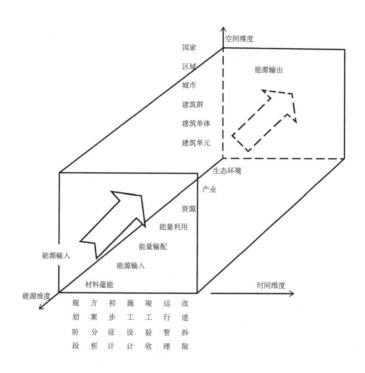

图1.4 建筑系统节能的工程思维模型

从时间维度看，建筑环境营造和设备节能运行是建筑系统节能的主体，在时间和空间上交叉作用，能量流动和利用关系错综复杂，要求对建筑室内环境调控的认识和实践必须采用综合的分析方法。从空间和能源维度看，对单体建筑而言，在整个建筑能源工程的系统优化中，对于外围护结构的优化应优先于空调或采暖系统的优化，这样可以用最低的成本达到整体最优的结果。将建筑节能与暖通空调工程作为一个整体分析，就要发挥出整体大于部分之和的功效，充分认识建筑系统内部各要素之间的相关性，考虑建筑系统各个要素对能耗的相互影响。比如，增大窗的面积就会减少墙的面积，这样会对供暖、空调、通风及照明能耗等都产生影响。

1.2.3 暖通空调工程全生命周期管理

暖通空调工程全生命周期是指从项目构思开始到设备系统报废（或项目结束）的全

过程。在全生命期中，暖通工程项目经历前期规划设计、安装调试、运行管理、改造更新及报废处置五个阶段。这不同阶段构成了系统全生命周期过程，具有时间发展的单向性，前期的发展状况对后期相连或不直接相连的过程都有影响,如图1.5所示。这就要求暖通工程要从源头重视，在规划设计阶段就需要暖通工程师与规划师、建筑师配合，具有大系统的工程观念，为建成建筑室内环境营造创造良好的先天环境。在运行管理阶段，暖通空调工程师需要与能源工程师、电气控制工程师、设备维护工程师配合，为建筑室内环境节能高效运行提供解决方案。

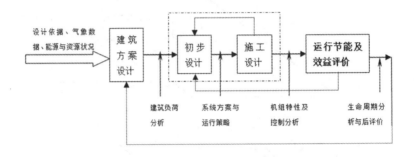

图1.5　新建项目暖通空调系统全过程分析的一般流程

　　暖通空调工程生命周期评价就是在时间维度上，将具体项目置于全生命周期环境下，系统考虑建筑工程全过程价值分享的多主体性和工程本身的多目标性，将规划设计、建设、运行等视作一个连续的整体，实现建筑暖通空调技术措施的总体优化，尤其要重视占生命周期主体的建筑运行阶段的暖通空调系统节能运行技术。

1.3　通风优先的室内环境运营理念

1.3.1　通风优先的内涵

　　结合建筑发展历史，从人工环境调控技术路径看，通风应优先于供暖和空调。"通风优先"的含义是指在暖通空调工程的设计、施工、调适、运行各阶段，应先做通风内容，室内空气质量控制优先，后再做热湿调控（供暖、空调等）内容，并要协调好热湿调控与通风的关系。重庆大学付祥钊教授在总结近30年建环专业发展的基础上，提出了关于暖通空调认识的"40字诀"，即：暖通空调，人环控制；内外负荷，全年分析；通风优先，后调热湿；空气处理，热质交换；冷热资源，管网输配。其中，"通风优先"

是室内环境营造的工程理论方法与实践原则，保障室内空气质量是实现建筑节能和热舒适的前提，体现以人为本原则下建筑运行节能的根本目的。

建筑节能三原理包括：

（1）基于建筑节能的社会适应性原理，通风优先体现环控技术以满足室内人员需求为导向，即以人为本的室内环境营造理念。

（2）基于建筑节能的气候适应性原理，通风优先要遵循不同地域建筑自然属性，合理利用气候资源，根据不同季节自然气候条件采取适宜的通风策略。

（3）基于建筑节能的系统协调性原理，通风优先要与供暖空调方式协同优化，实现建筑暖通空调系统全年整体运行节能。

在室内环境营造技术上，通风优先的工程应用依据主要体现在以下几个方面：

（1）通风是建筑的基本功能，人居建筑的任何时间、空间都需要通风，热湿调控只是部分时空需要。

（2）通风首先要保障呼吸安全与健康，相对于热舒适，其对可靠性要求更高。

（3）设计上通风与建筑的配合更多、更难。通风优先设计，更要及时与建筑对新排风风口位置、主机房、管道空间需求进行沟通协调。

（4）施工上，风管、新排风口、新风主机、风机的安装需要大量位置空间和更大的施工操作空间，需要众多的、分布在建筑内外围护结构各处的预留孔洞。即使是一些电缆可能先于风管就位，也必须先确定保障风管所需的位置空间和施工调适运维空间。室内装饰，凡与通风有交集之处，更应在通风施工完成之后进行。

（5）全年运行调节上，需要有全时空的通风运行方案，才可能制定合理节能的热湿调节（供暖空调）方案。运行过程中，经常性的注意力要首先集中在通风运行上，根据通风运行工况和状态，决定热湿调节功能的启、停和调节。

（6）设备维护保养上，由于通风是全时空运行，停机维护的机会不多，在维护方案上更需要优化考虑。

1.3.2　通风优先的室内环境运营理念

通风运行的状态空间包括季节变换、大气质量和人员密度三个维度，如图1.6所示。

建筑通风大气环境质量可分为最佳、一般、不良和恶劣等不同程度的四种状态，考虑大气环境质量和人员密度这两个重要的室外和室内环境因素，确定分别对应不同工况或季节，如表1.1所示。

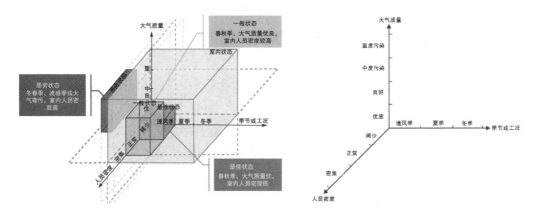

图1.6　建筑通风运行的状态空间（引自重庆海润节能研究院付祥钊）

表1.1　通风环境质量状态的划分

环境质量状态	大气环境质量	人员密度	季节或工况
最佳状态	优质	稀少	通风季
一般状态	优良	正常	通风季
不良状态	中度污染	密集	冬夏季
恶劣状态	重度污染（流感）	密集	冬春季

　　民用建筑室内环境控制应从分析建筑功能和使用特点开始，将建筑内厨房、卫生间、洗涤、污染设备等固定的空气污染源控制好，同时应根据室内人员状况，优先、独立地保障建筑空间全年卫生通风需求。无论采用人工运行规程，还是智能化的控制软件，应根据室内外环境状态确定合理的通风运行策略，分别做好针对各种室外空气环境状态的预案。首先，保障控制室内固定的空气污染源的排风系统正常运行，效果良好；其次，调节各新风系统跟踪各建筑空间新风需求的变化，在新风需求得到满足的条件下，启动热湿处理系统，将热湿参数控制在舒适范围内。而卫生通风系统的运行调控参数，在人员密度大，按人均新风量确定新风总量的空间中，宜采用对空气中二氧化碳浓度的测定进行动态控制；在人员密度小的房间或空间中，按换气次数确定新风量，宜按稳定的设计新风量运行。

　　新风质量是卫生通风效果的基本保证，新风是指来自室外自然环境的新鲜清洁空气。当室外大气质量为中度或重度污染时，室外空气不能直接作为新风。新风系统运行时，应按照室外空气质量标准监测新风采集区域的空气质量，必要时，应根据当地室外空气质量变化特点、室外空气污染特点，决定新风净化处理装置的运行方式。在室外空气质量良好时，新风净化处理装置应能旁通运行。此外，新风净化系统在室外空气污染时能发挥积极作用，但它不能替代卫生通风系统的运行。

1.4　暖通空调系统节能运行管理

工程实践中，暖通空调节能运行途径主要包括运行管理的行为节能制度建设和各种运行节能技术应用两个方面。为贯彻执行国家的技术经济政策，遵循卫生、安全、节能、环保和经济实用的原则，规范空调通风系统的运行管理，满足合理的使用要求，同时延长系统使用寿命，快速应对突发事件，国家制定了《空调通风系统运行管理标准（GB50365-2019）》。该标准适用于民用建筑集中管理的空调通风系统的常规运行管理，以及在发生与空调通风系统相关的突发事件时的应急运行管理。该标准明确要求，空调通风系统的运行管理应充分利用社会服务机构的专业技术、专业设备和专业人才资源，提高运行管理水平。

通风空调系统运行管理内容包括：技术资料管理，人员管理，合同与制度管理，设备与系统管理，以及监测、计量与信息化系统管理等。在这些管理制度中，尤其应加强对暖通空调操作人员的培训，提高管理人员素质，实行操作人员操作证上岗制度。各项调节和节能措施的实施，都与操作人员的技术素质直接相关，一线运行管理人员应具备必要的专业技术基础知识，要懂得根据室内外参数的变化进行运行调节，要懂得怎样调节才会实现节能等。

本章小结

本章主要讲述暖通空调系统的分类、系统组成和典型工作流程，介绍了暖通空调系统全生命周期与通风优先的运行管理理念，并简单概述了暖通空调系统节能管理制度和运行技术途径。本章的重点是建立暖通空调系统的寿命周期节能理念与通风优先的工程思维方法。

达成评价

学习成果	自我评价
我熟悉了暖通空调系统组成、分类、概念	□很好 □较好 □一般 □较差 □很差
我明白了暖通空调全生命周期管理的内涵	□很好 □较好 □一般 □较差 □很差
我初步掌握了通风优先的暖通空调运行理念	□很好 □较好 □一般 □较差 □很差
我了解了暖通空调节能运行的技术途径	□很好 □较好 □一般 □较差 □很差

习题与讨论

一、选择题

1. 建筑节能全过程包括（多选）：

    A. 建筑规划设计阶段的节能

    B. 建筑施工建造阶段的节能

    C. 建筑运行使用阶段的节能

    D. 建筑拆除回收利用阶段的节能

2. 从建筑全生命周期过程看，建筑节能划分不同阶段的采取的节能措施重点不同。以下不属于生命周期阶段的是：

    A. 规划设计阶段

    B. 施工安装调试阶段

    C. 运行管理及改造

    D. 室内装修

二、简答题

1. 建筑室内环境品质包括哪些要素？建筑节能与室内环境品质保障之间是什么关系？我们需要什么样的建筑室内环境？请举例说明建筑室内环境品质如何影响我们的生活？

2. 公共建筑机电设备节能运行管理应遵循的基本原则或规定有哪些？

3. 什么是运行节能或节能运行？

4. 什么是"通风优先"？从建筑发展史和建筑室内环境营造角度分析为什么要通风优先？

第2章　通风系统节能运行

本章 PPT

教学说明

本章以建筑通风运行管理为对象，主要介绍建筑通风方式及运行调节方法，通过对居住建筑和公共建筑通风系统及运行管理方式的分析，围绕室内空气品质环境的营造，结合教材提供的工程应用案例和拓展资料，使学生系统掌握建筑通风的全年运行管理方法、系统性能评价指标和管理制度，强化基于通风优先的建筑室内空气环境营造技术策略。本章推荐课内讲授3~4学时。

学习目标

本章主要讲述民用建筑通风方式分类及其适用性，介绍通风系统运行的节能调节方法与技术策略，通过本章的学习，达到以下目标：

（1）掌握通风系统分类与节能运行的技术原理；

（2）理解居住建筑和公共建筑通风系统节能运行的调节方法；

（3）了解通风系统节能运行评价方法及评价指标；

（4）掌握通风优先的室内环境运营技术策略。

🎓 导入语

建筑通风是借助换气稀释或排除室内污染物的手段，在满足室内环境对通风量需求的前提下，尽可能使用低能耗的方式来控制空气污染物的传播与危害，是实现室内外空气环境质量保障的一种建筑环境控制技术。通风系统节能运行的意义在于：

（1）排除室内污染物和余热余湿，保证室内良好的空气品质；

（2）减少空调系统的运行时间，降低建筑能耗；

（3）减少碳排放，绿色环保。

2.1　建筑通风概述

通风运行特指在建筑使用阶段，为保证用户对通风系统的功能需求，对通风系统的设备、管件及相关附件进行调控、维护的管理制度和技术措施的总称。通风系统运行管理就是为满足建筑用户的通风需求，合理利用通风系统的调节功能，对通风设备或部件的状态进行调节或控制，包括对进风口（窗）、排风口（窗）、送风管道、风阀、风机、过滤器、控制系统以及其他附属设备在内的一整套装置进行调控和使用管理，旨在为室内人员提供一个安全、健康、舒适的建筑室内空气环境。

2.1.1 通风运行方式分类

通风运行方式从不同角度可分为不同类型，如表2.1所示。

表 2.1　建筑通风运行方式分类

序号	分类角度	名称	主要特征描述
1	通风运行目的	卫生通风	为了满足室内人员健康卫生要求而采取的通风措施，主要是用室外新鲜空气更换室内受到污染的空气，以保证室内的空气洁净度达到卫生标准水平。一般根据室内卫生要求的最小新风量或换气次数，考虑室内空气品质和通风系统运行压力损失等指标，对通风系统进行维护保养，包括过滤器清洗或更换、风道清扫、风机风阀定期保养。
		安全通风	主要指事故通风，控制事故产生的污染物或有害物，防止对人员生命和健康产生危害，能及时有效控制或排除污染物的通风。
		降温通风	指当室内气温高于室外气温时，为使建筑构件散热而进行的通风降温措施。一般根据室内外气候条件差异，考虑被动降温和热舒适影响因素，通过风口、风阀、风机的开关或调节改变通风量，包括强化通风和限制通风，如非空调期，充分利用过渡季节通风供冷和夜间通风降温等。
2	通风运行动力来源	自然通风	依靠室外风力造成的风压或室内外空气温度差所造成的热压使空气流动，以达到交换室内外空气的通风方式。
		机械通风	依靠风机提供的动力来迫使室内外空气交换；可以通过风机把空气送至室内任何指定地点，也可以从室内任何指定地点把空气排出。
		复合通风	自然通风与机械通风共同作用使空气流动，以达到交换室内外空气的目的。
3	通风运行时间	连续通风	依靠动力让室内外空气持续不间断地交换，满足室内空气环境质量的要求。
		间歇通风	指一天内部分时间段内根据用户需求让室内空气间断性地进行交换，达到室内空气环境质量要求的目的。
4	空气来源	直流通风	指空气全部来自室外，送风采用室外的新风，也叫直流式通风。
		混合通风	送风由部分室外新风和部分室内空气混合的通风，这种方式主要用在为满足室内风速要求，需要加大风量时。
		循环通风	室内排风经过处理后循环利用再送入室内，以达到换气次数要求的通风。

序号	分类角度	名称	主要特征描述
5	通风作用范围	局部通风	利用局部气流，使局部地点不受污染物的污染或控制局部污染源散发。局部通风可分为局部排风和局部送风。
		全面通风	在房间内全面地进行通风换气，目的在于将房间内的有害物冲淡或稀释以达到允许的浓度标准限值。全面通风也称为稀释通风。
6	房间可控气流方向	机械送风	通过送风机向房间内送入新鲜空气，房间空气在正压作用下自然排风。
		机械排风	通过排风机后排出到室外，在负压作用下从室外或其他相邻房间补风。
		平衡通风	用排风机抽走室内污浊空气，用送风机来输入新鲜空气，在送、排风机之间达到一个平衡，维持室内一定微正/负压差运行。
7	风量调控方式	启停控制	通过风口（门、窗）的开闭或机械通风通过风机的启停，来控制通风量。
		需求控制	根据房间使用功能和室内空气质量要求，通过风阀开度或风机转速的连续自动调节来改变风量满足用户动态要求。
8	通风运行管理主体	用户自主分散管理	通风系统在运行过程中，通风设备、设施处于分户分散状态，用户自己控制通风设备或设施运行状态。
		物业集中专门管理	通风系统在运行过程中，由物业公司安排专门人员进行集中统一管理的通风系统。

2.1.2 建筑通风的功能

通风运行属于一种重要的建筑设施设备管理技术范畴。在不同室内外空气环境下，建筑室内空气环境营造基于提高建筑能源效率和改善环境空气品质的双重要求，基于安全、健康、舒适、高效、适用的原则，建筑运营者应对通风系统采取不同的运行策略。

现代民用建筑通风运行具备四大功能：一是给室内带来新鲜空气，满足人员的生理需要；二是冲淡或带走室内臭味和有害气体，满足人员的卫生需要；三是提高人体汗液的蒸发速度，给人带来舒适和凉爽，满足人员的热舒适需要；四是以室外的冷空气置换室内的热空气为建筑降温，满足节能环保的需要。

从建筑通风运行的使用价值看，前面两大功能通常称为卫生通风或健康通风，第三种功能为热舒适通风，第四种通风为降温通风。从全年通风运行管理看，在炎热潮湿气候地区，合理的通风可以为人体和建筑降温，减少建筑能耗；在寒冷地区的冬季，则要考虑防风，避免不恰当的通风和冷空气渗入带走热量，增加采暖能耗；在雾霾天气，要限制通风并同时启动新风净化或室内空气净化设备等。所以，建筑通风运行既要结合建筑功能，也要结合建筑所在地区气候，根据不同季节和不同时段对建筑通风的不同需求选择适宜的通风运行策略。置换通风、需求通风、分布式动力通风、自然辅助的机械通风等复合通风方式的出现，为建筑通风运行策略提供了更多选择，同时也对通风运行管理提出了更高要求。

2.2　居住建筑通风运行

居住建筑通风按功能要求可分为两类：卫生通风和热舒适通风。卫生通风要求用室外的新鲜空气更新室内由于居住及生活过程而污染了的空气，使室内空气的清新度和洁净度达到卫生标准，住宅空调设备运行时的通风属卫生通风。从住宅间歇通风的运行时间周期特点分析，当室外空气的温湿度超过室内热环境允许的空气温湿度时，按卫生通风要求限制通风；当室外空气温湿度低于室内空气热舒适指标时，强化通风，目的是降低围护结构的蓄热蓄湿，此时的通风又称热舒适通风。

2.2.1　住宅通风运行现状

普通住宅用户大多不具备建筑通风相关的专业知识背景，对通风需求以主观感受为主，因生活方式、居住习惯和认识水平不同差别较大，居室通风换气方式具主观性。针对住宅的通风运行现状，本教材编著者采用网络问卷调查和访问面谈相结合的方式，调查了当前住宅通风运行情况。调查范围覆盖国内不同气候地区的城市住宅建筑，以户为单位，主要针对城市小区典型住宅用户展开调查，调查内容包括住宅建筑基本特性（建造年代、户型、朝向、门窗设置及通风遮阳设施等），室内通风空调、供暖设备、空气净化装置及其使用方式，室内人员构成及通风行为习惯，对住宅室内空气环境的总体感受与主观评价等。

根据调查反馈的数据分析，我国居住建筑除厨房和卫生间外，居室目前较少采用机械通风设备，主要依靠打开门窗时的自然通风或关闭门窗时的自然渗透风来满足室内空气品质要求。近年新建的住宅，由于围护结构气密性不断提高、家居装修业的普及，以及雾霾等大气环境问题，导致室内通风环境相关的问题逐渐增多，新风机及新风系统的使用率逐年上升，住宅通风运行的环境影响因素更加复杂。住宅如何通风已经超出普通住户决策能力，需要行业加强引导，同时加强提升住宅通风的专业化技术服务水平。

不同地区气候不同，住宅通风方式和用户行为习惯不同。住宅通风主要由住户自主运行、按需调节，通风运行方式由用户自主选择。以每户建筑外围护结构为边界，按空气进出边界的动力和方向划分，住宅通风方式包括四种方式：完全自然通风（通过门窗开启或缝隙），局部机械排风+自然进风，机械送风（独立新风系统）+自然排风，机械送风+机械排风。

在室外空气品质较好和气候适宜时，南方用户习惯开窗通风，对室内空气品质比较敏感，对冷或热的耐受力较强；而北方用户更习惯关窗。伴随着室外大气污染事件如雾霾天气的频繁爆发，以及室内由于过度装修导致的污染物危害健康事件日益突出，住宅新风系统和空气净化器的拥有量逐年上升，这就延伸出住宅健康通风运行的必要性。住户对甲醛、TVOC$_s$、异味、CO_2浓度等反映空气质量程度的污染物比较敏感，而对空气颗粒物PM2.5、PM10污染相关的危害认知不足。住户普遍对空气污染来源、住宅合理通风缺乏科学的认识，也缺乏针对普通群众的住宅通风运行操作指南。所以，住宅新风系统与净化器市场增长并没有很好解决住宅合理通风的问题，住宅室内空气潜在的健康风险依然严峻。

2.2.2　夏季住宅间歇通风方式

夏季间歇通风就是特指白天限制通风，夜间强化通风的方式。白天，特别是午后室外气温高于室内时，限制通风，避免热风侵入，遏制室内气温上升，减少室内蓄热；在夜间和清晨室外气温下降、低于室内时强化通风，加快排除室内蓄热，降低室内气温。

间歇机械通风的实质是利用夜间室外相对干、冷的空气，直接降低室内夜间气温和湿度，解决室内夜间闷热问题，同时消除住宅内在白天积蓄的热量和湿量，为在下一个白天借助住宅内部的蓄热、蓄湿作用，使室内气温和湿度不致过高准备好条件。夜间通风的量和质是决定效果的两个主要因素。由于采用机械通风，通风量不再是个严重问题。制约降温效果的关键因素是夜间室外气温下降的程度。它可用室外气温的日较差来定量表示。间歇机械通风的降温效果表现于室内气温白天低于室外，夜间接近室外。而室内日平均气温低于室外的程度可视为效果好坏的综合表示。如表2.2所示。

表2.2　各种住宅间歇通风的降温效果

通风方式	住宅类型	室外气温日较差 Δt_w/℃	室内外气温差 Δt/℃		
			日平均	日最大	日最小
间歇自然通风	240砖墙	7.1±0.8	−0.6±0.3	−3.1±0.6	2.0±0.8
	370砖墙	8.9±0.7	−1.2±0.4	−4.8±0.8	1.8±0.3
	200厚加气混墙	8.2±0.8	−0.3±0.2	−3.2±0.5	2.9±0.3
间歇机械通风	240砖墙	7.1±0.8	−1.4±0.4	−3.3±0.4	<1.0
	370砖墙	8.3±1.0	−1.9±0.5	−4.9±1.1	<1.0

现场实验结果揭示了窗口遮阳措施对白天限制通风住宅内气温的影响。同为重质墙体，2号住宅的窗口遮阳措施不及1号，白天限制通风的效果也不及1号好。而重质墙体的3号和轻质墙体的2号，窗口无遮阳措施，大量太阳辐射进入室内，在限制通风的室内产生温室效应，室内最高气温显著高于室外，热环境比开窗通风还恶劣。特别是轻质墙体的2号，由于蓄热能力差，室内气温比室外高出6.4℃。窗口遮阳是关键，利用阳台和外走廊可以很好地满足窗口遮阳的要求，特别是南、北向窗。另外，活动遮阳可较好地解决窗口遮阳问题。如表2.3所示。

表2.3　窗口遮阳对白天限制通风的影响

墙体	序号	窗口遮阳措施	室内外最高气温差 Δt/℃
重质	1	挂浅色内窗帘，窗外为外走廊	−3.6
	2	挂深色内窗帘，窗上有水平固定遮阳板	−2.9
	3	窗口无遮阳措施	2.8
轻质	1	挂浅色内窗帘，窗外为阳台	−3.7
	2	窗口无遮阳措施	6.4

现场实验结果，揭示了墙体材料和厚度对白天限制通风住宅内气温的影响，如表2.4所示。

表2.4　墙体对白天限制通风的影响

序号	墙体	室内外最高气温差 Δt/℃
1	370砖墙	−5.0
2	240砖墙	−3.6

续表

序号	墙体	室内外最高气温差 Δt/℃
3	200 厚混凝土空心砌块墙	1.7
4	120 厚混凝土大板墙	7.2

注：正值表示室内气温高于室外；负值则相反。

随着墙体热工性能下降，白天限制通风的效果也降低，甚至反而恶化室内热环境。如3号和4号，室内最高气温明显超过室外，显然混凝土空心砌块和混凝土大板墙体住宅，白天不能限制通风。热工性能必须优于240砖墙住宅才具备白天限制通风的条件。

现场实验表明，热工性能好的屋顶，顶层住宅白天关闭外门窗限制通风，室内最高气温可比室外低4℃。另外，种植屋面、蓄水屋面等的隔热性能，也使顶层住宅白天限制通风成为可能。间歇通风的第一个前提条件是围护结构热工性能好，建筑节能设计标准使白天限制通风对外围护结构热工性能的要求能够满足；第二个前提条件是室内热、湿源得到有效控制。首先，室内人员密度不能太大，在那些两代同室，甚至三代同室的拥挤住房中，人体的散热、散湿会使室内气温和湿度即使在白天也高于室外，白天不能限制通风。现场实验证明，人均居住面积达到小康水平的住宅，白天限制通风可取得良好的效果。其次是控制炊事、清洗等过程产生的热、湿量。住宅运行要重视厨房、卫生间的排风，注意用局部排风控制厨房、卫生间内散发的热、湿量，使其不扩散到居室内。

此外，居室内的湿式清扫过程应避开白天限制通风这段时间，最好是在夜间强化通风之初进行，这既便于通过强化通风及时彻底地排除湿式清扫的散湿量，也利于加快消除室内蓄热。白天限制通风时，也要尽量避免在居室内长时间使用电吹风、电熨斗等大量散热的设备器具。此外，白天限制通风时在居室内吸烟，虽不明显影响室内气温和湿度，但会严重污染室内空气，而且香烟烟雾将大量附着在室内各表面上，然后逐渐散发，长期影响室内空气质量。现场实验发现，在限制通风时有吸烟的居室，很长时间后仍能嗅到烟味。

2.2.3 住宅夜间通风量

夜间通风量越大，降低室内气温、排除室内蓄热的作用越大。但超过一定量后，继续增大通风量对效果的改善不再明显。对240砖墙住宅，其回归方程是：

$$\Delta t = \frac{1}{0.48 + 0.0149n}，（15 \leqslant n \leqslant 85）\tag{2-1}$$

对370砖墙住宅，其回归方程是：

$$\Delta t = \frac{1}{-0.473 + 0.041n}, \quad (20 \leqslant n \leqslant 65) \qquad (2\text{-}2)$$

上述两式中，Δt为清晨住宅内外气温差，℃；n为夜间通风量，次/h。

试验表明，在40次/h以下，随着通风量的增加，室内外气温差下降较快；超过40次/h后，下降趋缓。通风量达到40次/h，可将室内外气温差控制在1℃以内，建议夜间通风量取30~40次/h。

2.2.4　住宅通风与湿度控制

导致居住建筑室内空气湿度过高的湿源主要有三类：来自潮湿气候环境的室外空气带湿；人体产湿；室内活动如烹调、沐浴、洗衣和湿式清扫等产湿。此外，对新建住宅还有湿润建筑材料的散湿，对住宅底层房间还有由于地下水位高或地面防潮措施不当造成的地面传湿、散湿等。

室内活动产湿地点比较集中，一般在厨房、卫生间或浴室，具有间歇产湿、产湿量大的特点。集中或分散地将局部高热高湿空气排至室外，并可维持湿热源所在房间一定的负压，有效防止局部湿热源向其他房间扩散，使其对居室如起居室、卧室等的影响降到最低限度，是建筑热湿环境调控的重要内容。

人体产湿量相对稳定，当室温低于28℃时，一个成年男子的人体产湿量一般小于0.082 kg/（h·P）。人体产湿对室内空气湿度的影响与潮湿地区通过围护结构开口或门窗缝隙渗入的室外空气带湿量相比，可不作为室内空气湿度控制的主要因素考虑。

湿热气候条件下住宅室内环境高湿度，相应地需要人体周围有较高的气流速度，以增加汗液蒸发的效率，并尽可能避免由于皮肤和衣服潮湿所带来的不舒适。但应注意的是，即使有最充分的通风，在湿热气候下所能达到的舒适条件也是有一定限度的。当室外空气温度低于室内空气设计温度时，按单纯降温通风条件可以进行强化通风来降低室内空气温度，消除室内蓄热。但是，若此时室外空气的湿度高于室内空气的设计湿度，室外空气不做任何处理而直接进入室内，会增加室内空气的湿负荷，使室内空气相对湿度可能超过热环境质量标准允许的上限值，同时还会导致室内多孔建筑装饰材料的蓄湿增加，会增加空调运行时的去湿能耗。

居住建筑卫生通风，要求向室内提供符合卫生要求的最小新风量。卫生通风时室内空气相对湿度应不超过热环境质量标准规定的上限值（即70%）。在夏季晴天，采用间歇机械通风方式，当夜晚和清晨空调停止运行或按经济节能模式运行时，低温高湿的室外空气进入室内。此时，对外围护结构而言，复合墙体的多层材料内部传热的温度梯度方向向外，而传湿的水蒸气压力梯度方向是向内的，材料的当量相对湿度由外向内减少，故墙体表面和内部不会因冷凝出现凝结水，但室内空气湿度会增大。为保证人体的热舒适性，夏季通风降温时应提供生活区0.3m/s左右的风速，同时也应防止室外空气湿度过高引起的室内围护结构蓄湿导致对室内卫生条件的不利影响。这一特点表明降温通风应以室内外空气焓差值作为运行方式控制参数，因为空气焓值综合反映了温度和湿度的大小，可作为新风冷耗大小的量度。

总之，住宅建筑的湿度控制需要结合建筑气候特征进行综合考虑，湿度标准不仅影响室内热舒适评价与居住环境的健康水平，对建筑运行能耗的影响也尤为重要。

2.3 公共建筑通风节能运行

公共建筑是为人们提供工作或社会交往条件的场所，在人员密度、运行时间、通风负荷及需求等方面，同居住建筑有着较为明显的差异。对于没有设置集中通风空调系统的公共建筑，其通风运行管理方式与住宅类似；而设置集中通风空调系统的公共建筑，一般由专人负责管理。调查表明，公共建筑集中空调通风系统运行管理阶段存在的典型问题体现在几个方面：一是在通风运行节能方面，通风系统在安装后，很少根据季节变化进行调节，在非采暖空调运行期间，新风的利用率很低，在过渡季节以全新风运行来满足室内空气环境要求的很少；二是通风系统运行和维护水平不高，现场运维人员没有经过专业的系统培训，只会简单开关和维修设备，大多数不懂专业知识，多数建筑新风阀或新风窗不可调，很少定期维护；三是通风空调系统卫生达标方面，有研究者对某地区多个公共场所的集中空调通风系统进行卫生检测，根据《公共场所集中空调通风系统卫生规范》（WS 394-2012）进行评价，一半数量以上的公共场所存在一项或多项卫生指标不符合；四是建筑管理者对集中空调通风系统可能存在的卫生隐患重视不够，对相关卫生法规了解不足。

从全年运行来看，公共建筑的通风运行按建筑室内外气候特性分为供暖空调期房间的卫生通风和过渡季节的热舒适通风两大类。

2.3.1 公共建筑卫生通风

保证建筑室内空气质量，排除室内空气污染物，满足必要的卫生要求是公共建筑空调供暖期通风运行一个最基本的目的。在空调供暖系统运行期间，卫生通风包括供暖空调房间的新风系统和特殊房间或区域的排风系统。此外，通风运行目的还包括以下两个方面：一是间歇运行的空调建筑，由于围护结构的热惰性，导致夜间室内温度变化比室外温度变化稍有延迟，因此在夜间会出现室内温度高于室外温度的现象，夜间运行通风系统可以降低室内温度，增加围护结构在夜间的蓄冷量，缓解白天冷负荷，减少白天空调系统运行能耗。二是大型建筑存在内区全年供冷需求时，可以开启通风系统，部分或全部引入室外新风，充分利用室外新风的冷量，减少制冷设备的使用时间和运行能耗。但在北方地区，虽然冬季内区需要供冷，由于室外新风温度较低，为防止系统盘管冻坏仍需加热加湿后送进室内。

通风系统主要用于解决室内污染物问题时，需根据室内污染物的散发量来设计通风系统的通风量。在系统运行时，根据室内空气质量监控系统监测到的室内污染物浓度来启停通风系统。新风系统运行新风量的确定，采用室内二氧化碳浓度指示室内空气新鲜度，根据人流量进行动态调节。特殊房间或区间的卫生通风一般根据运行时段按换气次数确定的通风量运行，控制房间压差来组织气流，实现有效排风来保证室内空气环境品质。

1. 全空气系统新风量调节方式

（1）室内二氧化碳浓度检测控制。通过在室内设置室内空气质量监控系统对室内的二氧化碳和污染物浓度进行数据采集、分析，将所采集的有关信息传输至计算机或监控平台，进行数据存储、分析和统计，二氧化碳和污染物浓度超标时能实现实时报警；检测进、排风设备的工作状态，并与室内空气污染监控系统关联，实现自动通风调节。

采用红外技术检测二氧化碳浓度是实现在线测量的主要手段之一。红外吸收型二氧化碳传感器是基于气体的吸收光谱随物质的不同而存在差异的原理制成的，广泛用于环境监测及恶劣现场的二氧化碳实时遥测和控制。根据《室内空气中二氧化碳卫生标准》GB/T 17904和《室内空气质量标准》GB/T 18883中对室内二氧化碳浓度的要求，控制室内二氧化碳浓度在1000ppm范围内。

室内二氧化碳测点的数量需根据监测室内面积大小和实际建筑内部情况来确定，原则上小于50m^{2}的房间应设置1~3个点；50~100m^{2}设3~5个点；100m^{2}以上至少设5个点。测点选择人群停留时间较长的地点，避开人流通道和通风口。

室内二氧化碳浓度检测控制方式适用于人员密度较高且随时间变化较大的区域，在报告厅、会议厅、商场、医院等人员变化大的区域，基于环境健康舒适性和节能的双向需求，设置有室内空气质量监控系统，利用传感器对室内主要位置的二氧化碳和空气污染物浓度进行数据采集，将所采集的有关信息传输至计算机或监控平台，根据实时的二氧化碳和污染物浓度对新风供应量进行自动调节，保证室内新风需求。

（2）焓差控制。通过测量元件测得新风和回风的温度和湿度，在焓值比较器内进行比较，根据比较结果来控制新风量与回风量的比值。利用新风和回风的焓值比较来控制新风量，可以最大限度地节约能量。

在冬季，当新风焓值低于值班供暖回风焓值时，采用保证室内卫生通风的最小新风比运行；当新风焓值高于值班供暖回风焓值但低于送风焓值时，采用变新回风混合比运行，充分利用新风冷源，推迟启动制冷设备的时间，达到节能目的。在夏季，当新风焓值低于回风焓值但高于送风焓值时，为节约冷量采用全新风运行。

2. 独立新风系统送风参数调节

随着空调技术的不断变化，发展了许多新型的供冷供暖技术，如辐射供冷供暖等系统，需要搭配独立的新风系统，通常新风系统需要承担室内部分或全部的湿负荷。目前空气的除湿方式主要有冷却除湿、转轮除湿和液体除湿。采用冷却除湿方式时，新风首先要经过冷水盘管冷却除湿（或制冷剂直接蒸发）至机器露点，如果直接将新风送入室内，靠近外围护结构的地方可能会出现结露现象，所以需要对新风进行再热，处理到室内送风状态点，冷热抵消，不利于节能。采用转轮除湿冷却时，新风近似经过等焓减湿过程处理；采用液体除湿方式时，新风经过等温减湿过程处理，这两种除湿方式可以实现对空气湿度精确控制，但是系统结构比较复杂，初投资高，控制难度大。在选择新风除湿处理方式时，需结合项目实际情况，选取最优的新风处理方式，合理确定新风处理露点状态。

3. 基于用户需求的新风系统适应性调节

确定新风量需求的关键是人流量和新风指标。室内人员所需新风量通常根据人均新风量指标确定，室内人员复杂的时空变化规律决定着新风需求的时空变化。在保障室内良好的空气品质的前提下考虑运行节能，目前国内外研究主要有动力集中式变风量通风系统和动力分布式变风量通风系统。

动力集中式变风量通风系统根据建筑室内污染物的体积分数来确定新风量大小，采用变频技术动态控制，能够实时地保证新风量满足人员密度变化，适用于地铁站、商场等人员密度波动较大的区域或一个通风系统服务于多个通风需求相同的区域。

动力分布式变风量通风系统促使流体流动的动力分布在各支路上，除了主动力外，在各个支路上也分别设有动力，并对各支路按需提供动力，适用于各末端用户风量需求变化比较大且变化不一致的场所，如大厅、走廊等区域设置合适的空气品质传感器，根据传感器所传输信号自动调节支路风机转速。

针对人流量波动比较规律的建筑，如商场、医院等公共建筑，可以根据其人流量变化规律对室内需求新风量进行预测，根据预测结果对新风系统采取时间控制措施。

2.3.2　公共建筑过渡季节热舒适通风

过渡季是相对供暖季和空调季而言的一个专业时间概念，一般认为在这一时间区间内，室外大气环境无论在卫生需求还是热舒适需求上有着较好的亲和力。公共建筑过渡季节通风运行的目的则是充分抓住这一时令优势，结合建筑自身通风负荷特点，通过对复合通风系统的合理调度，来满足人们在生产工作过程中的卫生和热舒适需求，并在此基础上，尽量减少对能源和环境的压力。

过渡季节的建筑通风运行，需要解决好当前工程应用上的两大误区。一是通风系统设计标准的"一刀切"：室内通风温度、新风量等，都是指标计算出来的，缺少对建筑实际运行环境和系统动态适应的考虑。二是建筑环境的"热舒适"是一个很主观的概念，运行调控技术只能是引导，而不能强加。所以，过渡季节通风运行是在既有的通风设计系统基础上，根据项目实际运行的室内外空气环境参数，确保源头空气的安全和清洁，尤其当室外空气质量低下时，室外空气的处理应该放在重要位置。

过渡季节的建筑通风运行，需要协调好用户个性化需求、通风方式多样性、室外空气参数的动态性和通风系统承担功能的多重性之间的关系，用户个性化需求权利需要尊重和保障。这是因为：其一，一栋公共建筑变成了一个小社会，融合了来自不同地域、不同种族、不同习惯的各色人员，在通风的卫生需求和热舒适需求上呈现了丰富的多样性；其二，人员高度密集的公共建筑，必须采用复合通风系统才能实现通风的气流组织和合理分配，通风设计比较复杂；其三，城市环境和建筑微气候急剧恶化，建筑通风的源头不再纯洁；其四，通风能耗面临着时代和业主的双重约束，不同通风方式能耗水平差异显著。公共建筑通风运行已经变得非常复杂，尤其过渡季的通风合理运行显得尤为重要。

2.3.3　动力集中式通风系统运行调节

传统的机械通风系统设计，是一台送风机或排风机提供管网动力，将空气按设计需要风量通过风管送到不同房间，或从不同房间吸入空气，通过管网集中排到室外。动力集中式通风系统动力是集中的，往往一个系统承担了许多独立空间的送风或排风，因此当某个末端送风量或排风量需求变化时，只能调节唯一的风机，这就造成了其他风量需求没有变化的区域，其风量也发生了改变。为了解决这一状况，一种处理办法是在各个末端设置变风量调节阀，根据末端的新风需求通过风机和变风量风阀进行调节，如图2.1所示。

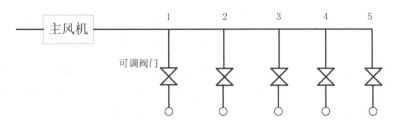

图2.1 动力集中式通风系统

对于动力集中式通风系统，风机的余压是根据最不利支路确定的，其他支路的资用压力就会有富余，愈靠近动力源，富余量就愈大，对于这些富余压头，只能靠增大阻力方法消耗。最不利支路的流量往往只占系统总流量很小的一部分，而为了这一小部分的流量，其他流量也只好通过风机达到较高的压头，再用阀门消耗掉多余的部分，造成了很大的能量浪费。只要是动力集中式通风系统，并且具有多个支路，在设计工况下，调节阀能耗就占有颇高的份额。在调节工况下，改变动力的集中调节虽然减少了向系统投入的能量，但阀门能耗所占的份额并没有改变。节流方式的集中调节和局部调节都将使阀门能耗增加，根本原因是系统动力的集中。根据风压图，这种系统在运行中存在的问题包括：

（1）系统水力失调，风量分配不均。并联环路具有相同的资用压头，必然导致近端的风量过大，远端风量过小，甚至送风口无风的现象。

（2）风阀节流调节，能耗损失大。为了达到不同环路的压力平衡，通过风量调节阀进行节流调节，加大了管路的节流损失，增加了风机运行能耗。

2.3.4 动力分布式通风系统运行调节

动力分布式通风系统（Distributed Fan Ventilation System）与动力集中式通风系统相对应，就是促使风流动的动力分布在各支管上而形成的通风系统。也就是除了主风机外，在各个支路上也分别设有支路风机，取代支管上的调节风阀，支路风机可根据所负担区域的实际需求进行调节，主风机根据各个末端的新风需求的总和进行调节，如图2.2所示。

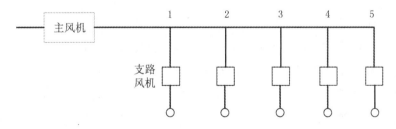

图2.2 动力分布式通风系统

主风机承担干管输送，末端分布风机承担对应支管的输送，而且"分布风机"并非必须设在末端，可以设在支路上任何便于安装、检修的地方。每个支路风机所负责的区域可实现自主独立调节新风量，系统节省了风阀阻力能耗。

动力分布式通风系统形式与变风量空调系统中的风机动力型变风量末端形式有相似之处，表现为各个末端都带有风机，而其实质原理是不同的。下面以医院建筑独立新风系统为例，分析这两类系统在运行调控上的差异，比较如下：

1. 功能性

医院建筑作为一种特殊的建筑，其内部健康人与病患人员混杂，因分析得出医院建筑内部各空间人流量影响因素众多，随时间变化较大，且各个空间变化不一致，直接导致了新风需求的动态变化及各个空间新风需求的不均匀性，故在保障技术的选择时需要一种可动态变化且能满足新风不均匀性需求的新风系统。末端带电动调节阀的动力集中式新风系统和动力分布式新风系统均可以实现全部风量及各个空间风量的调节，能满足各空间不均匀性的新风需求。

2. 经济性

技术的经济适应性涉及系统的总成本，其包括生产成本和使用成本，其中生产成本是通风系统的投资成本，包括通风主机、管道、末端控制系统、新风处理设备等；使用成本是指保障室内空气质量所需要的风机能耗和新风处理能耗。

新风的经济性分析的年投入函数包括新风系统的基建投资年折旧费和新风的运行费用。其中年新风运行费用包括新风输配能耗和处理费用；新风投入基建费用的年折旧费包括新风机（组）、新风控制系统和新风处理设备的年折旧费用，其高低依据新风机组的容量大小、新风系统形式和新风处理设备（如冷水机组、锅炉、热泵等）。

对于动力集中式通风系统与动力分布式通风系统，在初投资上，后者比前者增设了若干可变风量的支路风机与控制系统，但省却了用于调节风量或消除剩余压头的阀门，随着技术的进步，风机的价格逐步降低，初投资对系统的影响程度在不断减小；在运行上，后者比前者节约了风机能耗，同时可以弥补由于施工不当造成的风量失衡问题。

3. 协调性

一项技术的适用与否很大限度上取决于其整体协调性，新风保障技术应与医疗流程和管理制度相协调。不同的医疗流程及管理制度，新风保障的方法不一样。医疗流程与管理制度可以调整，而新风系统的硬件安装完成后却难以调整，因此新风系统的选择应考虑医疗流程及管理制度的影响。居发礼博士从数据挖掘和理论分析角度详细分析了医疗流程对人流量的影响，从而影响了新风需求，如医院采用了精细化的分时（短至半小时甚至十分钟）挂号方式，病房采用严格的探视陪护制度，限制人数陪护，限时限量探视人数，这样挂号大厅、病房内部的人流量是明确的，新风需求是明确的，其直接影响了新风系统的感测方式及控制策略的选择，但若医院对管理制度的执行程度未达到预定要求，造成人流量时空分布偏离设计工况，此时新风系统应能协调其变化。动力集中式可调新风系统与动力分布式新风系统可满足其协调性。

综上可以得出，动力集中式可调新风系统与动力分布式新风系统均能满足系统的功能性和协调性的要求，两者之间的主要差异是系统的造价与运行能耗之间的差异。风机动力型变风量末端装置和动力分布式通风末端装置两种形式的差异如表2.5所示。

表2.5　风机动力型变风量末端与动力分布式通风末端差异

类别	风机动力型变风量末端装置		动力分布式通风末端装置
	并联式	串联式	分布风机
基本结构			
原理	增压风机与一次风调节阀并联设置，经集中空调器处理后的一次风只通过一次风阀而不通过增压风机。	增压风机与一次风调节阀串联设置，经集中空调器处理后的一次风既经过一次风调节阀，又经过增压风机。	根据房间通风需求，调节风机转速（客观或主观控制），总风量全部经过风机。
运行模式	（1）送冷风且当室内冷负荷较大时采用变风量、定温度送风方式（冷负荷大时，增压风机不运行，增压风机出口处止回风阀关闭，开一次风调节阀）； （2）送热风或送冷风。当室内冷负荷较小时采用定风量、变温度送风方式（负荷小时，关小一次风调节阀，开启增压风机，抽取吊顶内的风）。	始终以恒定风量运行（也称定风量末端装置）。 （1）供冷时，开启一次风调节阀，此时送入房间的风量为一次风风量＋增压风机从吊顶抽取的二次回风量； （2）负荷减小，一次风阀关小，直至最小； （3）供热模式：一次风阀最小，辅助加热器开启。	（1）"分布风机"并非必须设在末端，可以设在支路上任何便于安装、检修的地方； （2）可根据室内的风量需求调节风机转速满足室内空气环境的需求； （3）分布风机与主风机之间通过关联调节保障新风的动态需求和节能。

2.4 通风系统常规运行管理

2.4.1 系统调试前的检查

通风系统调试前的检查主要包括以下内容：

（1）核对通风机、电动机的规格、型号是否符合设计要求。

（2）通风机与电动机带轮（连轴器）中心是否在允许偏差范围内，其地角螺栓是否已紧固。

（3）润滑油（脂）有无变质，添加量是否达到规定。

（4）通风机启闭阀门是否灵活，柔性接管是否严密。

（5）空调器、风管上的检查门、检查孔和清扫孔应全部关闭好，并关好加热器旁通阀。

（6）用手转动风机时，叶轮不应有卡碰和不正常的响声。

（7）电动机的接地应符合安全规程要求。

（8）通风主、支管上的多叶调节阀要全部打开，三通阀要放在中间部位，防火阀应处在开启位置。

（9）通风、空调系统的送、回风调节阀要打开，新风和一、二次回风口及加热器的调节阀应全开。

2.4.2 通风机启动

通风机是通风系统中的动力装置，通风机启动应注意以下内容：

（1）通风机启动前，要关闭启动闸板阀；启动后，要缓慢调大阀门的开度，直至全开，以防止启动电流过大导致烧坏电动机。

（2）通风机启动时，观察叶轮的转动方向是否正确，用电流表测量电动机的启动电流是否符合要求。运转正常后，要测定电动机的电压和电流，各相之间是否平衡。如电流超过额定值时，应关小风量调节阀。

（3）用温度计测量轴承表面温度，不应超过70℃，用转速表测定通风机转速。

（4）在通风机运转中，用金属棒或螺丝刀仔细触听轴承内部有无杂音，以此来检查轴承内是否有脏堵或零件损坏。如发现有异物，应及时取出，以避免损坏叶轮和机壳。

（5）通风机运转正常后，要检查电动机、通风机的振幅大小，声音是否正常，整个系统是否牢固可靠。各项检查无误后，经运转8小时即可进行调整测定工作。

2.4.3　风机及通风系统风量的测定与调整

1. 正确使用测量仪器

测量风管内风速（压力）的仪器主要为毕托管与电子微压计。

（1）毕托管使用方法如下：

①毕托管插入风管后，用一只手托起管身，另一只手托起接头前面的两橡胶管。

②毕托管的管身要与管壁垂直，量柱与气流方向平行，量柱与气流轴线之间的夹角不得大于16°，全压测定孔一定要迎向气流。

（2）电子微压计的使用方法如下：

将毕托管高、低压两端分别接至电子微压计的两个接口，读数可直接显示。在用毕托管和微压计测风道内风量时，测定截面位置选得正确与否，将直接影响到测量结果的准确性和可靠性，因此必须慎重选择。测定截面的位置应选择在气流比较均匀稳定的地方，尽可能地远离产生涡流及局部阻力（如各种风门、弯管、三通以及送排风口等）的地方。一般选在局部阻力之后4~5倍管径处（或风管大边尺寸）以及局部阻力之前1.5~2倍风管直径（或风管大边尺寸）的直管段上。有时难以找到符合上述条件的截面，可根据下面两点予以变动：一是所选截面应是平直管段；二是截面距后面局部阻力的距离要比距前面局部阻力的距离长。由流体力学可知，气流速度在管截面上分布是不均匀的，因而压力分布也是不均匀的，因此必须在同一截面上多点测量，取得平均值。

2. 风机性能参数的测定

衡量风机性能的主要指标有风量、风压、轴功率和效率等。通风机性能的测定，可分为两步来进行：

第一步是在试运转之后，将空调系统所有干、支风道和送风口处的调节阀全部打开。在整个系统阻力最小情况下测风机最大风量，考核风机最大风力，供系统风量调整参考。

第二步是在各干、支风管和送风风量调整好后测风机风量、风压，以此作为对风机本身进行调试的依据。

风机性能测定在风机试运转合格后进行，主要仪器为：转速表、钳形电流表、电压表、皮托管与微压差或U型压差计和叶轮风速仪。

3. 系统风量的测定和调整

通风系统风量的测定与调整一般步骤如下：

（1）按工程实际情况绘制系统单线透视图，应标明风管尺寸、送（回）风口的位置，同时标明设计风量、风速、截面面积及风口尺寸。

（2）开风机之前，将风道和风口本身的调节阀门放在全开位置，三通调节阀门放在中间位置，空气处理室中的各种调节阀门也应放在实际运行位置。

（3）开启风机进行风量测定与调整，先初测总风量是否满足设计风量要求，做到心中有数，有利于下一步测试工作。

（4）系统风量测定与调整，对送（回）风系统调整采用"流量等比分配法"或"基准风口调整法"等，从系统的最远最不利的环路开始，逐步调向通风机。

（5）风口风量测试可用热电风速仪，用定点法或匀速移动法测出平均风速，计算出风口风量，测试次数不少于3次。在送风口气流有偏斜时，测定时应在风口安装长度为0.5~1.0m与风管断面尺寸相同的短管。

（6）系统风量调整平衡后，应达到：

①风口风量、新风量、排风量、回风量的实测值与设计风量允许偏差值不大于15%。

②新风量与回风量之和应近似等于总风管送风量，或各支路送风量之和。

③总的送风量应略大于回风量与排风量之和。

通风系统风量测试调整时应注意的问题包括：

（1）测定点截面位置选择应在气流比较均匀稳定的地方，一般选在产生局部阻力之后4~5倍管径（或风管长边尺寸）以及产生局部阻力之前约1.5~2倍管径（或风管长边尺寸）的直风管段上。

（2）在矩形风管内测定平均风速时，应将风管测定截面划分若干个相等的小截面，使其尽可能接近于正方形；在圆形风管内测定平均风速时，应根据管径大小，将截面分成若干个面积相等的同心圆环，每个圆环应测量四个点。

（3）没有调节阀的风道，如果要调节风量，可在风道法兰处临时加插板进行调节，风量调好后插板留在其中并密封不漏。

（4）进行防排烟系统正压送风口静压的检测时，必须严格挑选正压风口，因为正压风口的密封性能会影响到前室静压的测试结果，在配合运行检测人员测试前仔细检查正压送风口的安装严密性和电动排烟阀的灵活性，以使前室的静压达到消防规范的指标。

2.4.4　通风机的运行效率评价

通过现场观察风机皮带或叶轮有无损坏导致风机丢转，实际测试风机运转效率；通过测量风机风量、风压和电功率等，计算风机单位风量耗功率，判断是否高效运转及具备节能潜力。设计选型合理、维护得当的风机在高效区的运行效率一般应不低于60%。

拓展 – 不同类型通风机的节能评价值

2.4.5　通风空调系统的运行能效评价

对于空调建筑的大堂、餐厅、会议室等高大空间和区域，若运行中存在夏季过冷、冬季过热或温度分层现象，则需要通过连续测试人员活动区域的温度和空间的总回风温度，来诊断是否由于气流组织不合理导致温度不满足要求。

现场测量空调箱各段压力，判断过滤器、表冷段和混风段等各功能段压力是否合理。一般粗效过滤器阻力100 Pa，中效过滤器160 Pa，表冷器（四排）100 Pa，双风机系统空调箱混风段应保持负压。测量通风系统的压力分布，判断消声设备、风道布局和末端风口阻力是否合理。一般每个消声器阻力50 Pa，风机出口余压300~500 Pa。若余压大于上述值，则需检查风道上是否有不合理的局部阻力（风阀、弯头等）。测量风系统实际风量，并与设计风量比较，计算各支路风系统平衡度，风系统平衡度在0.9至1.2之间为合格。

测试开窗进入室内的无组织通风量，可计算由于开窗导致的冷热量损失。分析采用通风窗的可行性；考虑夜间通风、白天关窗的间歇通风节能措施的可行性。查看及询问建筑内部电热设备的通风方式及排热量去向，询问室内人员房间或局部区域是否有偏热导致的集中投诉情况；分析局部排风排热对空调负荷的影响情况。

对新风量及新风负荷诊断，通过询问室内人员是否存在门厅、大堂夏季偏热、冬季偏冷现象；是否存在电梯啸叫或电梯门关不上现象；是否存在冬季大厅或贯通楼梯首层偏冷、越高越热现象。测试全楼总新风量、全楼总排风量以及各楼层和典型区域的新风量，比较总排风量和总新风量的大小关系，分析各楼层或区域的新风量分配的均匀性。总排风量应比总新风量小10%左右，保证房间一定正压。

对于设有机械排风的建筑系统，如厨房、地下车库、卫生间等排风系统，询问排风机工作情况（运行时间和调节手段），是否可能调速或间歇运行，或者采用局部排风、分档排风、根据污染物浓度变频调速等技术手段，分析改变排风系统运行模式来降低风机电耗的潜力。

空调通风系统的冷量输配能效比定义为冷源系统制冷量与风系统所有风机耗电量之比。

$$ER_{acsc} = \frac{CL_c}{N_{kf} + N_{xf} + N_{fp}} \text{（瞬时）} \tag{2-6}$$

$$ER_{acscd} = \frac{CL_{cd}}{W_{kfd} + W_{xfd} + W_{fpd}} \text{（日平均）} \tag{2-7}$$

$$ER_{acscs} = \frac{CL_{cs}}{W_{kfcs} + W_{xfcs} + W_{fpcs}} \text{（供冷季）} \tag{2-8}$$

式中，ER_{acsc}，ER_{acscd}，ER_{acscs}——风系统的冷量输配能效比（瞬时、日平均、供冷季）；

CL_c，CL_{cd}，CL_{cs}——分别代表冷源系统瞬时、日平均、供冷季的制冷量；

N_{kf}，N_{xf}，N_{fp}——分别代表所有空调箱风机、新风机组和风机盘管的总输入电功率；

W_{kfd}，W_{xfd}，W_{fpd}——分别代表所有空调箱风机、新风机组和风机盘管的日累计耗电量；

W_{kfcs}，W_{xfcs}，W_{fpcs}——分别代表所有空调箱风机、新风机组和风机盘管的供冷季累计耗电量。

风机的单位风量耗功率 W_s 按下式计算：

$$W_s = P / (3600\eta_t) \tag{2-9}$$

式中，W_s——单位风量耗功率，W/（m³/h）；

P——风机全压值，Pa；

η_t——包含风机、电机及传动效率在内的总效率，%。

根据建筑节能标准相关规定，风系统单位风量耗功率限值如表2.6所示。

表2.6　风系统的单位风量耗功率限值　　　　　　　　　　W/（m³/h）

系统型式	办公建筑		商业、旅馆建筑	
	初效过滤	初、中效过滤	初效过滤	初、中效过滤
两管制定风量系统	0.46	0.53	0.51	0.57
四管制定风量系统	0.52	0.58	0.56	0.64
两管制变风量系统	0.64	0.70	0.68	0.75
四管制变风量系统	0.69	0.76	0.47	0.81
普通机械通风系统	0.32			

注：1. 普通机械通风系统中不包括厨房等需要特定过滤装置的房间的通风系统；

　　2. 调机组内采用湿膜加湿方法时，单位风量耗功率可以再增加 0.053[W/（m³/h）]。

2.4.6　通风系统运行中常见问题及措施

1. 风柜机风量过大

在调试过程中，出现风机风量过大问题，即所谓的"大马拉小车"现象。造成该现象的主要原因是风机风压大于实际风管系统阻力，因风压过大而引起超风量。此现象通常会引起以下问题：

（1）噪音大。过大的风速会引起风管震动激烈，从而产生过大的噪音。

（2）机外带水。过大的风速将把空调柜机热交换器表面的冷凝水带出，若挡水板效果差，水分将被直接带至风管，达不到除湿的目的。

（3）风柜机漏水。过大的风速可将冷凝水带至风柜机后段，若后段底盘防水处理不理想，冷凝水将从壁缝处渗出。

（4）电机超电流。电机负荷越大，电流越大。过大的风量会引起电机电流过大，甚至大于额定电流10%以上，长期运行将影响电机的性能。

运行调试时为达到设计风量，通常用以下几种方法：

（1）调小送风管总阀开度，增加风管系统阻力。但当阀门开度过小时（最佳开度为80%），会因气流剧烈撞击阀板引起振动，声波会随气流传到空调房间，使室内噪音过大。

（2）减少电机转速。由公式：$n=(1-S)60f/p$ 知，要改变电机转速，可通过变频器改变电源频率 f、改变极对数 p、加调压电阻分压改变转差率这三种方法。

（3）改变电机与风机的皮带轮半径比来改变风机转速，可通过减少电机皮带轮半径或增大风机皮带轮半径来改变风机转速，从而达到减少风量的目的。

综上所述，通过风机变频改变风机转速是最佳方案。

2. 个别风口噪音过大

在调试过程中，因有个别风口在风管上的分布位置原因（例如主管道前段的风口或局部拐弯处的风口）使其风量过大，风叶振动增强，从而噪音过大。对此现象的解决方法有：若是大区域送风，则可将其关闭，对该空间的室内参数不会有很大影响；若小区域送风，可用抽芯铝铆钉将其叶片固定防止振动，以降低噪音。

3. 风系统某条支管风量变小（其他支管风量变大）

一般情况是该条支管上的钢制调节阀的阀柄的蝴蝶形螺母松动，导致阀体开度变小。

4. 系统突然无风

原因有电气系统跳制停电，或电机烧掉；总风管上的防火调节阀突然关闭。检查防火阀的机构是否脱扣或机构上的弹簧的弹性是否变形；皮带脱落或疲劳折断。

5. 系统各支管风量都变小

原因可能是皮带过松而引起风叶转速变小，风柜的滤网积尘太多造成系统阻力过大。

2.5　通风优先的建筑运行管理

2.5.1　建筑通风运行管理制度

关于公共场所集中空调通风系统运行管理制度和规范主要包括：

（1）2019年住房和城乡建设部发布的《通风空调系统运行管理标准》（GB50365—2019），于2019年12月1日起实施。该标准坚持"节能环保、卫生、安全和经济实用"的原则，适用于民用建筑中集中管理的空调通风系统的常规运行管理，以及在发生与空调通风系统相关的突发性事件时，采取的相关应急运行管理。

（2）《公共场所集中空调通风系统卫生规范》卫生部2006年2月16日发布，2006年3月1日起实施。

（3）《公共场所集中空调通风系统卫生办法》卫生部2006年2月10日发布，2006年3月1日起实施。

（4）《公共场所集中空调通风系统卫生学评价规范》卫生部2006年2月16日发布，2006年3月1日起实施。

（5）《公共场所集中空调清洗规范》卫生部2006年2月16日发布，2006年3月1日起实施。

（6）《空气调节系统经济运行》（GB/T 17981—2007）国家标准化管理委员会2007年12月21日发布，2008年6月1日起实施。

目前国内建筑通风运行管理主要针对集中管理的通风空调系统，还没有分散式通风和住宅通风相关的专业技术规范或标准。与国外发达国家相比，我国的建筑通风运行管理制度还比较滞后。读者请参见从卫生要求角度比较的国内外关于建筑空调通风系统的运行管理制度。

拓展 – 各国通风运行管理制度对比

2.5.2 通风优先的建筑运行技术策略

根据建筑内外环境空气质量的状态确定空间负荷特性（参见图1.6），根据热湿负荷特性选择进行卫生通风或热舒适通风，结合环境污染负荷特性选择空气来源及其净化处理方案，合理确定不同季节的通风系统运行技术策略。具体如表2.7所示。

表 2.7　通风系统节能运行策略

房间负荷特性	优质	优良	中度污染	重度污染（流感）
热湿负荷为零	自然通风	自然通风	新风过滤	新风高效净化
只有热负荷	加热通风	加热通风	加热通风 + 新风过滤	加热通风 + 新风高效净化
只有冷负荷	降温通风	降温通风	降温通风 + 新风过滤	降温通风 + 新风高效净化
只有湿负荷	通风除湿	通风除湿	通风除湿 + 新风过滤	通风除湿 + 新风高效净化
同时存在冷负荷与湿负荷	降温除湿	降温除湿	降温除湿 + 新风过滤	降温除湿 + 新风高效净化

把通风运行管理与通风系统设计、建造统一协调，形成全生命周期工程理念，既要分析通风系统设计和建造对运行管理产生的影响，同时又要通过运行管理获得实际问题与经验反馈给设计与建造工程师。建筑通风运行管理者应当用工程管理思维或工程消费思维来指导建筑通风运行，实现建筑通风设计和建造的工程价值，以用户需求为导向，使通风系统的运行能满足室内空气环境的设计要求、系统综合效能、设备性能，并且具有维护简便性、安全性和可靠性。

建筑通风运行环境和用户通风需求是动态的，通风运行策略必须适时进行调整，以适应不同时段不同用户的建筑通风需求。需要深入了解不同类型建筑用户对通风的分时分区域的不同需求，科学制定建筑通风运行策略，完善建筑通风运行技术保障方法。既要加强公共建筑通风运行管理人员的专业培训，还需要加强针对普通大众的住宅合理通风的科普宣传。建筑通风全年运行要从根本上转变观念，树立室内环境调控通风优先理念，从传统的"技术掌控"向"技术适应"方向转型，真正实现"以人为本"的建筑通风全年运行格局，让通风回归绿色本质，成为健康建筑系统的活性标识。

文献研究表明，一是行业主管部门需要不断完善建筑通风运行相关的规范、标准和管理制度，明确建筑通风运行管理主体责任，健全系统节能运行、系统和设备维护制度以及卫生学评价标准；二是需要深入开展基于建筑使用特性和用户需求的调查，落实通风优先的建筑运行管理理念。从面向建筑使用者需求角度，公共建筑通风运行管理需要更专业化、规范化；对于居住建筑的通风运行则需要编制住宅用户通风运行指南，用通俗易懂的语言和图示指导用户合理通风。未来可以充分利用信息化管理手段，发挥BIM技术在运行阶段的技术支撑，提升建筑通风运行管理水平。

 拓展－某医院建筑通风运行节能案例

 拓展－某居住建筑通风运行节能案例

2.6　建筑通风节能运行案例分析

住宅和公共建筑通风是建筑室内空气环境营造的基本要求。从建筑工程全生命周期管理角度，建筑通风包括风环境规划、通风设计、施工安装和运行管理等不同阶段，其中，建筑通风运行管理相对于规划设计和施工阶段，所涉及时间周期最长、环节最多、影响因素最复杂，与室内空气环境安全、健康和建筑运行能耗的关系非常密切，是建筑运行管理中的重点和难点之一。实现通风运行节能的主要方式有：

（1）尽可能地使用自然通风；

（2）在自然通风不能满足需求的条件下，合理采用机械通风；

（3）通风优先，尽可能采用通风方式来解决室内空气品质或者热舒适的问题，减少空调系统使用时间；

（4）采用直流无刷电机，风机变速可调，实现对风量的按需调节，减少通风机运行电耗；

（5）采用智能通风控制系统和分布式通风系统，进一步降低大型通风系统的通风机运行能耗；

（6）适宜条件下采用分体式能量热回收系统，通过对排风进行冷热量回收，不仅可以降低系统能耗，而且还可以使得排风与新风在热回收形式上完全隔开，既节约了系统后期运行能耗，又避免了新风和排风之间的交叉污染。

随着建筑节能工作的深入开展，建筑密闭性能越来越好，建筑外窗开启面积越来越小，自然通风越来越难以实现，建筑需要更多利用机械通风方式辅助进行通风换气。研究表明，对于不能自然通风的建筑，空调和机械通风的运行能耗占建筑总能耗的比重较大。同时，与自然通风相比，机械通风不仅运行能耗增加，同时还带来噪声和吹风感等问题。许多通风设计优化的节能建筑，由于缺乏对建筑通风需求侧的调查研究，实际运行管理方式或使用方式不当，缺乏合理通风的技术手段和运行管理措施，导致建筑运行能耗不减反增,室内空气质量得不到保证。因此,即使对通风设计性能良好的建筑,也需要通过加强运行管理才能实现建筑通风系统的综合效能,使建筑通风这一古老的技术重新焕发光彩。

📖 本章小结

本章主要讲述建筑通风系统分类及通风节能运行方法与策略,介绍居住建筑热舒适通风方式及间歇通风,公共建筑通风运行节能,比较动力集中式通风与动力分布式通风,介绍建筑机械通风系统调试与通风量测定,通风机效率及通风空调系统节能运行指标评价等,并通过案例介绍说明了具体建筑的通风运行节能途径。本章的重难点是动力分布式通风与通风优先运行策略在建筑节能运行中的应用。

达成评价

学习成果	自我评价
我熟悉了建筑通风系统组成、分类、概念	□ 很好 □ 较好 □ 一般 □ 较差 □ 很差
我明白了住宅通风运行节能技术途径和方法	□ 很好 □ 较好 □ 一般 □ 较差 □ 很差
我初步掌握了通风优先的室内环境调控理念	□ 很好 □ 较好 □ 一般 □ 较差 □ 很差
我明白了公共建筑通风节能运行调节与评价	□ 很好 □ 较好 □ 一般 □ 较差 □ 很差
我理解了动力集中式通风系统的调节与测定	□ 很好 □ 较好 □ 一般 □ 较差 □ 很差
我明白了动力分布式通风系统的运行调控	□ 很好 □ 较好 □ 一般 □ 较差 □ 很差

习题与讨论

一、单选题

1. 夏季连晴高温天气住宅采取间歇通风,其主要目的不包括:

    A. 防止室内过热   B. 确保室内卫生要求

    C. 减少空调运行负荷   D. 减少通风换气量

2. 建筑供暖空调房间的通风主要目的是达到

    A. 卫生要求   B. 舒适要求

    C. 安全要求   D. 节能要求

3.我国颁布的《通风空调系统运行管理标准》（GB50365-2019）中规定的通风运行应遵循的原则不包括：

    A. 安全   B. 经济

    C. 舒适   D. 节能

4.通风系统主要的任务是：

    A. 降温   B. 除湿

    C. 保证室内空气质量，排除污染物   D. 换气

二、多选题

1.通风系统分类按其通风承担的功能和目的不同可以分为：

    A. 卫生通风   B. 热舒适通风

    C. 安全通风   D. 平衡通风

2.离心风机运行中发生剧烈振动的原因可能为：

    A. 风机轴与电机轴不同心   B. 叶轮与机壳等摩擦

    C. 连接螺栓松动   D. 进出管连接不当产生共振。

3.以下关于空调新风系统运行管理规定说法，正确的是：

    A. 检查风机工作情况，发现风机运行异常及时整改

    B. 检查空调通风系统新风口，风口周边环境应保持清洁无遮拦

    C. 新风管道卫生要求应符合《公共场所集中空调通风系统卫生规范》规定

    D. 对人流量较大且变化较大的场所，应根据二氧化碳浓度合理控制新风量

4.空调风系统施工质量检查应满足以下哪些要求：

    A. 非金属风管不得出现龟裂和粉化现象

    B. 风系统漏风量应在标准要求的范围内

    C. 新风量是否达标

    D. 空调风管保温效果应保持良好

三、简答题

1.与动力集中式系统相比较，动力分布式系统的优缺点有哪些？主要适用于什么样的建筑？

2.为保证空调通风系统送、排风量平衡，可采取哪些措施？

四、论述题

1.基于通风优先的建筑通风运行策略如何划分？室内外环境如何影响通风运行方式？

2.如何根据建筑工程实际需求，确定机械通风系统是否需要启动运行？

第3章　供暖与空调系统的日常运行调节

本章 PPT

教学说明

　　本章以建筑热湿环境调控的末端设备系统为对象，基于室内温湿度标准、室内供暖空调负荷日常动态特征，从用户需求出发，主要介绍民用建筑常规末端供暖和空调设备的日常运行调节与控制方法，建立空调风系统空气处理设备和供暖水系统的散热器或辐射板等末端设备冷热供应量与用户冷热需求相匹配的运行管理理念。结合项目案例开展教学实践，本章推荐课内讲授3~4学时。

学习目标

　　（1）掌握常见空调房间的热湿负荷变化特性；
　　（2）理解不同类型空调设备的调控方法；
　　（3）熟悉全空气空调系统和空气–水空调系统的日常调节方式；
　　（4）熟悉散热器供暖和辐射板供暖的日常运行调节方式。

📖 导入语

　　供暖空调系统的末端设备容量是在设计工况下选定的，能满足室内最大负荷的要求。但是室外空气在一年四季中并不总处于设计状态参数下，室内实际使用情况也不一定是设计工况，所以房间冷热负荷并不总是最大值，都在发生变化。如果供暖空调系统末端设备不作相应调节，室内环境参数将发生变化，一方面达不到设计参数的要求，另一方面也浪费末端装置的供冷量或供热量。因此，末端设备需要根据部分负荷变化特性进行调节，实现供需的动态平衡，以满足用户对室内环境品质的需求。

3.1　供暖空调系统日常运行调节概述

　　对于民用建筑而言，由于房间功能不同，用户对室内空气参数设定范围会有较大差异。房间热湿负荷随室内外环境参数变化，并与室内人员密度和设备功率及运行时间等因素密切相关。

3.1.1 室内环境参数变化范围

供暖空调房间一般允许室内参数有一定的波动范围，如图3.1所示，图中的阴影面积称为"室内空气温湿度允许波动区"。只要空气状态参数落在这一阴影面积的范围内，即满足设计要求。室内空气参数值允许波动区范围的大小，通常是根据房间热舒适分级标准或工艺空调精度来确定，同时考虑地区、冷热源情况、经济条件和节能要求等因素。对于舒适性空调房间夏季和冬季可以有不同的波动区，夏季室内温度一般为24~28℃，相对湿度为40%~70%；冬季温度为18~24℃，相对湿度为30%~60%。民用建筑供暖房间室温宜保持在16~24℃。

3.1.2 公共建筑室温调控要求

室温调控是建筑节能的前提及手段。《中华人民共和国节约能源法》第三十七条规定："使用空调采暖、制冷的公共建筑应当实行室内温度控制制度。"第三十八条规定："新建建筑或者对既有建筑进行节能改造，应当按照规定安装用热计量装置、室内温度调控装置和供热系统调控装置。"为满足此要求，公共建筑必须具有室温调控手段。

室内温度控制是指控制、利用空调系统进行室内供冷和供热，使房间的空气温度不超过规定的限制标准。根据规定，新建公共建筑空

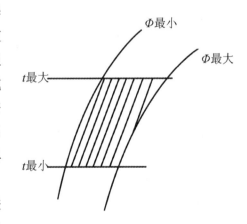

图3.1 室内空气状态点允许波动区

调系统设计时，设计单位应严格按照《公共建筑节能设计标准》（GB50189–2015）的相关条款进行设计，空调房间均应具备温度控制功能，主要功能房间应在明显位置设置带有显示功能的房间温度测量仪表；在可自主调节室内温度的房间和区域，应设置带有温度显示功能的室温控制器。

建筑物室内空气温度检测仪器应具有连续测量记录功能，其分辨率不应低于0.1℃，准确度不应低于0.5级，应具有有效的计量检定证书。温度检测面积应按照空调系统分区进行选取，检测面积不应小于总建筑面积的0.5%。现场检测应避免在夏季高温高湿等极端天气条件下进行，测试期间空调系统应正常运行，且外窗处于关闭状态。测点布置应符合以下规定：

（1）三层及以下的建筑应逐层选取空调区域布置温、湿度测点。

（2）三层以上的建筑应在首层、中间层和顶层分别选取空调区域布置温、湿度测点。

（3）测点应设于室内活动区域，且距楼面700~1800mm范围内有代表性的位置，温、湿度传感器不应受到太阳辐射或室内热源的直接影响。

温、湿度测点位置及数量还应符合以下规定：室内面积不足16m²，设测点1个；室内面积16m²及以上不足30m²，设测点2个；室内面积30m²及以上不足60m²，设测点3个；室内面积60m²及以上不足100m²，设测点5个；室内面积100m²及以上每增加20~50m²酌情增加1~2个测点。室内平均温应进行连续检测，检测时间不少于6h，数据记录时间间隔最长不得超过30min。室内平均温度应按下列公式计算：

$$t_{rm} = \frac{\sum_{i=1}^{n} t_{rm,i}}{n} \tag{3-1}$$

$$t_{rm,i} = \frac{\sum_{j=1}^{p} t_{i,j}}{p} \tag{3-2}$$

式中，t_{rm}——检测持续时间内受检房间的室内平均温度（℃）；

$t_{rm,i}$——检测持续时间内受检房间第i个室内逐时温度（℃）；

n——检测持续时间内受检房间的室内逐时温度的个数；

$t_{i,j}$——检测持续时间内受检房间第j个测点的第i个温度逐时值（℃）；

p——检测持续时间内受检房间布置的温度测点的点数。

3.1.3 空调系统冷热负荷构成

空调负荷结构特性是制定空调系统运行策略的基础，按照负荷来源不同，空调系统负荷包括房间负荷、新风负荷和系统附加负荷等，房间负荷又包括室内热源散热形成的内部负荷和通过围护结构传热传质形成的外部负荷。室内空气参数的确定是空调负荷计算的基础，合理确定室内空气参数是空调系统节能技术途径之一。以空调系统冷负荷为例，空调制冷系统负荷$\dot{Q}_c$，可按下式计算：

$$\dot{Q}_c = \dot{Q}_{c(\tau)} + \dot{Q}_{c,o} + \dot{Q}_{a,h} \tag{3-3}$$

式中，$\dot{Q}_c$——集中空调系统冷源主机冷负荷，W；

$\dot{Q}_{c(\tau)}$——室内瞬时冷负荷，按房间逐时负荷逐时相加取最大值，W；

$\dot{Q}_{c,o}$——新风冷负荷，由新风量和室内外空气焓差计算，W；

$\dot{Q}_{a,h}$——其他热量形成的冷负荷，包括抵消冷量的再加热，风机、水泵机械能转变的热量、管道传热量等形成的冷负荷，由空气处理过程和输送系统确定，W。

上述三项负荷所占比例因项目而异，不同类型建筑，或采取不同的空气处理方式，系统负荷的构成差异显著。以重庆某办公建筑空调系统为例，标准层建筑面积1000m²，围护结构热工性能、室内照明和设备负荷按GB50189规定限值取值，办公室群集系数取1.00，人员密度取0.15P/m²，新风标准取30m³/h·P，按照轻度劳动考虑。采用露点送风，不计再热负荷、风机和管道温升时，空调系统负荷计算结果如表3.1所示。

表3.1 不同室内空气参数下空调系统负荷构成

工况序号	室内空气标准	房间冷负荷/kW	新风冷负荷/kW	新风量kg/s	系统总冷负荷/kW	新风负荷比例/%
1	26 ℃/60%	41.27	39.92	1.43	81.19	49.17
2	26 ℃/40%	41.27	55.70	1.43	96.97	57.44
3	24 ℃/60%	42.58	48.22	1.43	90.8	53.10
4	24 ℃/40%	42.58	62.14	1.43	104.72	59.34

计算表明，在热舒适区域内，室内计算参数的变化引起空调系统负荷相应变化。室内空气设定参数的变化引起房间负荷和新风负荷相应变化，但新风负荷变化比房间负荷变化更显著；相对湿度的变化主要引起人体散湿负荷与新风湿负荷的变化，而且对新风负荷变化影响比温度变化引起的负荷变化更显著。新风负荷占系统总冷负荷约50%以上，室内空气温度或相对湿度设定值降低都使系统总冷负荷增加，增加的程度主要受新风负荷变化的影响。当室内相对湿度降低时，新风湿负荷增加，机器露点向左移动，容易导致热湿比线不能与90%~95%的相对湿度线相交，露点送风受限，需要通过再热措施满足送风要求，并且再热负荷随相对湿度的降低而显著增加。

在日常运行调节中，考虑室内热湿负荷变化有不同的特点，一般可分三种情况：一是热负荷变化而湿负荷基本不变；二是热湿负荷按比例变化，如以人员数量变化为主要负荷变化的对象；三是热、湿负荷均随机变化。

本章根据末端设备类型不同，分别讲述末端设备的节能运行调节。

3.2 定风量全空气空调系统日常运行调节

3.2.1 室内冷热负荷变化、湿负荷不变

当室内余热量变化，余湿量不变时，常用的调节方法是定机器露点再热调节法。此种调节方法适用于围护结构传热发生变化，室内设备散热发生变化，而人体、设备散湿量比较稳定等类似情况。这种变化过程的分析如下：设计工况下，空气从 L 点沿 ε 变化到 N 点。如果余热减少而余湿不变，则热湿比变为 ε'。室内状态点也相应地由 N 变为 N'。若仍在允许波动范围内，则不用调节。若 N' 超出了允许波动范围，则应采取调节再热量的方法调节。通过前面送风量计算公式可知，在定风量系统下，调节工况下送风状态点的含湿量和设计状态点的相同，这表明无论热湿比线怎样随热负荷变化，送风状态点总是沿着同一条等湿线变化，显然在这种情况下，仍然可以在控制露点不变的情况下，通过改变再热量使运行调节工况下的 N 点不变化或保持在允许的范围内，如图3.2所示。

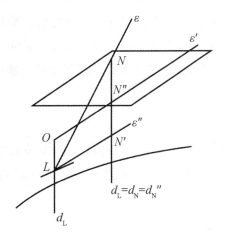

图3.2 余热变化、余湿不变时的室内状态点

3.2.2 室内热负荷、湿负荷均有变化

定风量空调的特点是保持送风量全年固定不变，其风量不能随负荷变化而改变。故这种系统的运行调节只能从改变送风温度、调节新回风混合比等角度来考虑。当空调房间内余热量和余湿量均发生变化时，则室内的热湿比 ε 将随之发生变化（除非余热量和余湿量成比例的变化）。如果空调房间内的余热量和余湿量同时减少时，根据两者的变

化程度不同，则有可能使变化后的热湿比 ε' 变大或变小。

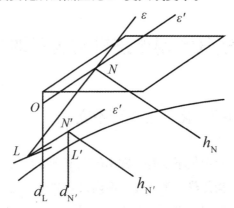

图3.3　热湿负荷均变化时的送风状态点

如图3.3所示，在维持露点不变的情况下，新的状态点N'偏离了原来的状态N。当室内热湿负荷变化较小，空调精度要求不严格，且N'仍在允许范围内，则不必重新调节。如新的状态点超出了允许范围，为了保证空调房间内空气温湿度保持不变的要求，一般可采用以下几种方法来达到运行调节的目的。

1. 调节一次加热器再热量

如图3.4所示，当空调房间内的热湿负荷发生变化后，设其变化后的室内热湿比为 ε'，此时可采用调节一次加热器的加热量，使一次加热后的空气状态点由C'点等湿升温而变化到点C''，再经循环水喷水绝热加湿处理至新的机器露点L'，调节二次加热器加热量使之处于新的送风状态点O'即可。

2. 调节新回风混合比

如图3.5所示，如室外气温较高，不需要预热，可调节新回风混合比，使新的混合点C'位于过新机器露点L'的等焓线上，之后沿 ε' 送风，达到N。

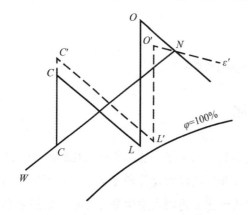

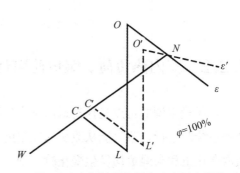

图3.4　改变一次加热器加热量变露点调节　　图3.5　改变新回风混合比变露点调节

3. 调节喷水温度

当空调房间内热、湿负荷发生变化后，其热湿比由 ε 变化至 ε'，或由 ε 变化至 ε''，如图3.6所示。要保证空调房间内所要求空气参数保持不变，就需改变机器露点温

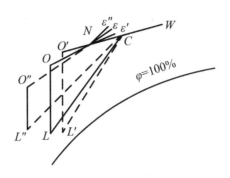

图3.6 改变喷水温度变露点调节

度。当 $\varepsilon > \varepsilon'$ 时，空调系统的机器点应由 L 点移至 L'，其喷水温度应比设计条件高，即提高冷水温度。但如果当 $\varepsilon > \varepsilon''$，其喷水温度则应比设计条件低，即降低冷水温度。

4. 调节一、二次回风混合比

对于具有一、二次回风的空调系统，可以采用调节一、二次回风比的方法，充分利用二次回风的热量，这样可节省二次加热器的加热量，在满足室内空气温、湿度要求的前提下达到节能的目的。

在室内热、湿负荷发生变化时，其热湿比由原来的 ε 变化至 ε'，这时改变一、二次回风混合比（在定风量空调系统中，总风量不变，在满足最小新风量的前提下，总回风量就为定值，那么加大二次回风量就意味着减少一次回风量），使新风与一次回风混合后的空气降温除湿至空调系统的机器露点 L。而后 L 点的空气再与二次回风混合，以达到室内热湿比改变后所需的送风状态点 O'，将 O' 状态点的空气送入室内即可满足要求。

5. 调节空调箱旁通风门

在工程实践中，还有一种设有旁通风门的空调箱。这种空调箱与二次回风空调箱不同的地方是室内回风经与新风混合后，除部分空气经过喷水室或表冷器处理以外，另一部分空气可通过旁通风门，再与处理后的空气混合送入室内。旁通风门与处理封门是联动的，开大旁通风门则处理风门关小，以改变旁通风量与处理风量的混合比来改变送风状态，如图3.7所示。

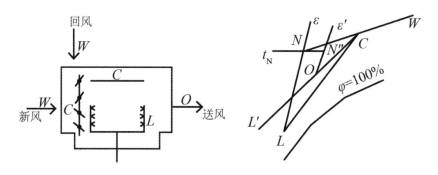

图3.7　旁通风量调节处理

3.3　风机盘管+新风系统日常运行调节

对一般空气-水空调系统来说，主要由风机盘管负担室内空调负荷，其调节过程较简单。而对于要求较高的场所，新风机组和风机盘管对空调负荷有明确分工，其调节过程相对复杂。下面对这两种不同的调节过程进行分析。

3.3.1　风机盘管机组负担全部室内负荷

这种调节方法适用于大多数风机盘管空调系统。在调节过程中，新风不承担室内负荷，所有负荷全部由风机盘管承担。该调节主要分为以下两种方式。

1. 水量调节

如图3.8所示，在设计工况下，空气在盘管内进行冷却减湿处理，从N变化到L，然后送到室内。当负荷减少时，室内温控器自动调节电动直通或三通阀，以减少进入盘管的水量，盘管中的水温随之上升。露点从L变为L_1，室内状态点从N变为N_1，新的室内状态点含湿量较原来有所增加。

这种系统中的温控器和电动阀的造价较高，故系统总投资较大。

2. 风量调节

如图3.9所示，在设计工况下，风机盘管对空气的处理过程为从N到L。如果系统负荷减少，则应降低风机转速，减少风量。风机转速可根据需要在三速开关的高、中、低三挡之间进行切换（也有的风机盘管可进行无级调速）。风速降低后，盘管内冷水温度下降，露点下移到L_2，通过ε'送风，达到N_2。当风机在最低挡运行时，风量最小，回水温度偏低，容易在风口表面结露，且室内气流分布不理想。

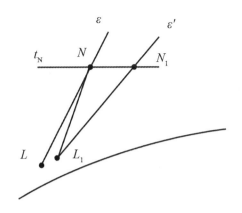

图3.8　风机盘管系统水量调节

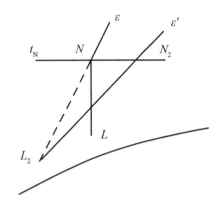

图3.9　风机盘管系统风量调节

3.3.2　风机盘管负担室内瞬变负荷

1. 负荷性质和调节方法

室内负荷分为瞬变负荷和渐变负荷两部分。瞬变负荷是指室内照明、设备、人体散热和太阳辐射热形成的负荷。这部分负荷具有随机性大的特点，房间不同差异很大，可由风机盘管来承担。

渐变负荷是通过围护结构的室内外温差传热形成的。与瞬变负荷相比较，渐变负荷更稳定，且大多数房间差异不大。这部分负荷可通过集中调节新风温度来适应，即由新风负担室内的渐变负荷。在室外气温逐渐降低的过程中，一定存在这样一个时刻，室内向室外传递热量，即渐变冷负荷为负，新风需加热处理。但瞬变冷负荷仍可能为正（例如室内人员众多，有大功率的发热设备等），风机盘管还要送冷风。很明显这是不经济的。在这种情况下，可采用另外一种处理方法，即加大新风量，用室外新风来吸收室内的冷负荷。

2. 两管制风机盘管系统的调节方法

两管制风机盘管系统在同一时刻只能供应冷水或热水，三管制和四管制系统具有同时供冷、供热的功能，但造价较高，使用较少。采用新风和风机盘管负担的负荷需要做较严格的区分，不进行转换的运行调节，即新风负担渐变的传热负荷，而风机盘管负担瞬变的室内负荷，互相不做转换，不为对方分担。这种系统的投资较少，管理方便。但存在的问题是当冬季特别冷时，温差传热占最主要的地位，如果不做转换，则新风负担室内全部热负荷，将造成新风管道尺寸过大，集中加热设备的容量过大等问题。

3.3.3 新风机组的运行调节

1. 送风温度控制

送风温度控制即是指定出风温度控制，其适用条件通常是该新风机组是以满足室内卫生要求而不是负担室内负荷来使用的。因此，在整个控制时间内，其送风温度以保持恒定值为原则。由于冬、夏季对室内要求不同，新风机组采用定送风温度控制时，全年有两个控制值（冬季控制值和夏季控制值），因此必须考虑控制器冬、夏工况的转换问题。

送风温度控制时，通常是夏季控制冷盘管水量，冬季控制热盘管水量或蒸汽盘管的蒸汽流量。为了管理方便，温度传感器一般设于该机组所在机房内的送风管上。

2. 室内温度控制

对于一些直流式系统，新风不仅仅只是满足卫生标准，而且还要求承担全部室内负荷。由于室内负荷是变化的，这时采用控制送风温度的方式必然不能满足室内要求（有可能过热或过冷），因此必须对使用地点的温度进行控制。由此可知，这时必须把温感器设于被控房间的典型区域。由于直流系统通常设有排风系统，温感器设于排风管道并考虑一定的修正也是一种可行的办法。

除直流式系统外，新风机组通常是与风机盘管一起使用的。在一些工程中，由于考虑种种原因（如风机盘管的除湿能力限制等），新风机组在设计时承担了部分室内负荷，这种做法对于设计状态时，新风机组按送风温度控制是不存在问题的。但当室外气候变化而使得室内达到热平衡时（如过渡季的某些时间），如果继续控制送风温度，必然造成房间过冷（供冷水工况时）或过热（供热水工况时），这时应采用室内温度控制才是可行的。因此，这种情况下，从全年运行而言，应采用送风温度与室内温度的联合控制方式。

3. 相对湿度控制

新风机组相对湿度的控制的主要一点是选择湿度传感器的设置位置或者控制参量，这与其加湿源和控制方式有关。

（1）蒸汽加湿。对于要求比较高的场所，采用比例控制是较好的，即根据被控湿度的要求，自动调整蒸汽加湿量。这一方式要求蒸汽加湿器用阀应采用调节式阀门（直线特性），调节器应采用PI型控制器。由于这种方式的稳定性较好，湿度传感器可设于机房内送风管道上。对于一般要求的高层民用建筑而言，也可以采用位式控制方式，如采用位式加湿器（配快开型阀门）和位式调节器，对于降低投资是有利的。

采用双位控制时，由于位式加湿器只有全开全关的功能，湿度传感器如果还是设在送风管上，一旦加湿器全开，传感器立即就会检测出湿度高于设定值而要求关阀（因为通常选择的加湿器的最大加湿量必然高于设计要求值）；而一旦关闭，又会使传感器立即检测出湿度低于设定值而要求打开加湿器，这样必然造成加湿器阀的振荡运行，动作频繁，导致使用寿命缩短。显然，这种现象是由于从加湿器至出风管的范围内湿容量过小造成的。因此，蒸汽加湿器采用位式控制时，湿度传感器应设于典型房间（区域）或相对湿度变化较为平缓的位置，以增大湿容量，防止加湿器阀开关动作过于频繁而损坏。

（2）高压喷雾、超声波加湿及电加湿。此三种都属于位式加湿方式，因此，其控制手段和传感器的设置情况应与采用位式方式控制蒸汽加湿的情况相类似，即：控制器采用位式，控制加湿器启停（或开关），湿度传感器应设于典型房间（区域）。

（3）循环水喷水加湿。循环水喷水加湿与高压喷雾加湿在处理过程上是有所区别的。理论上前者属于等焓加湿，而后者属于无露点加湿。如果采用位式控制器控制喷水泵启停时，则设置原则与高压喷雾的情况相似。但在一些工程中，喷水泵本身并不做控制而只是与空调机组联锁启停，为了控制加湿量，此时应在加湿器前设置预热盘管，具体机组处理空气的过程如图3.10所示。通过控制预热盘管的加热量，保证加湿器后的"机器露点" t_L（L点为 d_N 线与 φ=80%~85%的交点），达到控制相对湿度的目的。

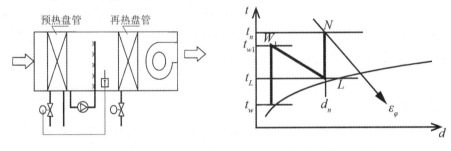

图3.10 喷水泵常开的空调机组加湿量控制及对应工况变化

（4）湿膜加湿。湿膜加湿器是空调机组内置加湿器件，主要由湿膜、水泵、电控等组成。湿膜加湿系统的核心部件是湿膜，其材料是由植物纤维或玻璃纤维加入特殊化学原料制成的，具有良好的吸水性及蒸发性。湿膜加湿器分为直排水加湿和循环水加湿两种方式。循环水湿膜加湿系统中，采用自来水(或冷冻水)通过进水管路送到湿膜循环水箱中，水泵将水箱中的水送到湿膜顶部布水器，通过湿膜布水器将水均匀分布，水在重力作用下沿湿膜表面往下流，将湿膜表面润湿。当干燥的空气通过加湿器时，一部分水与空气接触汽化、蒸发，达到加湿空气的目的；从湿膜上流下来的未蒸发的水流进循环水箱。加湿器运行过程中，水源由开关控制，水箱水位由浮球阀控制，具备自动补水功能。湿膜加湿器系统可以接受中央控制系统的ON/OFF 湿度控制信号，实现湿度自动控制；具有防止循环水泵无水工作的保护装置，循环水箱有溢水和排水通道，此外，循环式加湿器系统设有旁通装置，配有过滤器和流量调节阀等。

4. CO$_2$浓度控制

通常新风机组的最大风量是按满足卫生要求而设计的（考虑承担室内负荷的直流式机组除外），这时房间人数按满员考虑。在实际使用过程中，房间人数并非总是满员的，当人员数量不多时，可以减少新风量以节省能源，这种方法特别适合于某些采用新风加风机盘管系统的办公建筑中间隙使用的小型会议室等场所。

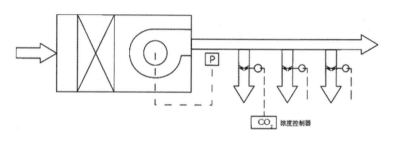

图3.11　CO$_2$浓度控制新风量

为了保证基本的室内空气品质，通常采用测量室内CO$_2$浓度的方法来实现上述要求，如图3.11所示。各房间均设CO$_2$浓度控制器，控制其新风支管上的电动风阀的开度，同时，为了防止系统内静压过高，在总送风管上设置静压控制器控制风机转速。因此，这样做不但新风冷负荷减少，而且风机能耗也将下降。关于新风机组变风量控制详见9.2.2。这样控制方式目前应用日益普及，一个重要原因是CO$_2$浓度控制器产品开始普及。

5. 防冻及联锁

对于寒冷地区，空调机组热水盘管在冬季运行时，存在着由于管内水温过低而结冰冻裂的危险。冬季运行盘管出现冻裂的几种主要原因是：

（1）空调机组新风管上的控制措施不恰当，当机组不使用（如夜间）时，新风管未切断。新风在风压及渗透作用下进入机组，当盘管热水阀关闭、盘管内热水不流动时，由于新风温度极低，非常容易造成盘管冻裂。

（2）在空调机送风温度或回风温度自动控制热水阀开度的系统中，当热水阀开度很小时，由于热水流量小，盘管出口处易冻裂。

（3）在采用双管制的许多空调水系统中，盘管为冷、热两用（夏季供冷水、冬季供热水），设计中通常按冷盘管选择（因为冷工况时传热温差小，要求面积大，保证冷量满足要求后，一般对热量是能够满足的），这种做法对寒冷地区的某些冷量要求较大而热量需求相对来说并不大的建筑（如商场、办公室等内部冷负荷较大的房间），其盘管的选择面积对于热量来说过大，因满足室内要求的热量只需极少的热水流量即可，这时也就有可能出现冻裂的情况，尤其是新风空调机组更为明显。

对于上述第一种情况，一般的做法是在新风吸入管上加风阀，机组停用时关闭风阀即可。为了保证这一措施得以实现，通常新风阀采用电动式，与机组联锁。在一些高寒地区，为了防止风阀关闭不严的冷风漏风，甚至需要采用保温风阀。

第二种情况出现得并不多，因为自动控制要求关小热水阀时，意味着室内热负荷较小，一般来说在高层民用建筑空调中，这大都是由于室外气温升高所导致。当然，室外气温的升降与室内热负荷或盘管需热水量并不是成正比的，其需水量降低的速率远大于热负荷降低的速率。可以采取的自动控制保护措施有：

（1）对热盘管电动阀设置最小开度限制。这是运行过程中防止盘管冻裂的措施之一，但此点是在盘管选择符合一定要求的情况下才能做到的，尤其是对两管制系统中的冷、热两用盘管更是如此。最小开度设置应满足最小水量W_{min}。

（2）设置防冻温度控制。这是防止运行过程中盘管冻裂的又一措施。通常可在热水盘管出水口（或盘管回水连箱上）设一温度传感器（控制器），测量回水温度。当其所测值低到5℃时，防冻控制器动作，停止空调机组运行，同时开大热水阀。

（3）联锁新风阀。这一做法主要是针对机组停止运行期间的防冻来考虑的。为防止冷风过量的渗透引起盘管冻裂，应在停止机组运行时，联锁关闭新风阀。当机组启动时，则打开新风阀（通常先打开风阀、后开风机，防止风阀因压差过大无法开启）。无论新风阀是开启还是关闭，前述防冻控制器始终都正常工作。

除风阀外，电动水阀、加湿器、喷水泵等与风机都应进行电气联锁。在冬季运行时，热水阀应优先于所有机组内的设备的启动而开启。

第三种冻裂情况是目前出现较多的，实际上这与设计或选择盘管的合理性有较大的关系。在双管制系统中，如果盘管在夏季设计状态下的冷量值较大而要求它在冬季设计状态时的热量值较小，就极有可能出现此问题（甚至在处于冬季设计状态时出现）。因此，按冷工况选择盘管时，必须对其在冬季运行时为防止冻裂所需的最小热水流量进行校核，校核时应采用最不利情况——冬季设计状态时的热量Q_r来进行。

假定热水供水温度为t_{w1}，为防止盘管出口冻结，其出水时的防冻温度可定为$t_{w2}=5\sim10$℃，则保证盘管内水不结冰的最小热水流量为：

$$W_{min} = \frac{Q_r}{t_{w1}-t_{w2}}$$ （3-4）

在计算出W_{min}后，根据所选的盘管类型，校核其在热水供水温度为t_{w1}、热水流量为W_{min}时盘管的实际中热量Q_{rs}。如果$Q_{rs}>Q_r$，则说明盘管的选择过大，有可能结冰，这时只能对盘管水系统进行修改，即把冷、热盘管分开设置，按Q_r重新选择热水盘管，减小热水盘管加热面积。如果$Q_{rs}<Q_r$，则这时情况转变为前述第二种情形，即冷、热盘管可以共用，通过自控防冻措施解决防冻问题。

3.4 变风量空调系统的运行调节

3.4.1 风量调节阀

常规通风空调系统多数是定风量系统，系统在调试过程中，将手动调节阀固定在某一位置就不会再调节了。而随着科技进步和节能运行要求的提高，以及人们对室内环境舒适健康越来越高的要求，变风量的通风空调系统越来越多地应用。变风量调节装置主要有电动调节阀、变风量末端和机械自力式定风量阀。

电动调节风阀有4种形式：单叶调节阀、平行多叶调节阀、对开多叶调节阀和定风量调节阀，不同类型的风量调节阀具有不同的理想流量特性。单叶调节阀由角行程执行器驱动，具有快开流量特性，结构简单、密封性能好、阻力小，有圆形和方形两种。电动多叶对开调节阀由角行程驱动，相邻两叶片按相反方向动作，其工作流量特性与阀权度有关。单叶调节阀和对开多叶调节阀都属于压力相关阀门，受管路系统压力波动影响较大，很难完成风系统自控调节任务。在变风量系统中，需要与风量测量装置组合成压力无关的变风量调节阀，通过对风量测量进行补偿，来消除管内压力波动对调节的影响，如变风量末端（VAV BOX）。典型调节风阀的产品如图3.12所示。

（a）手动风阀　　　　　　　　　　　　　（b）电动风阀

图3.12　典型调节风阀的产品

手动风量调节阀控制状态可以在0至100%之间调节，要人工操作；电动风阀为电力驱动，电动风阀的控制方式可分电动开关量和电动模拟量，电动开关量只有开和关两种状态，而电动模拟量可以在0至100%之间调节。

定风量阀为机械自动式调节机构，运行时无需外部供电，它依靠一块灵活的阀片在空气动力作用下，将风量在整个压差范围内恒定在设定值上，通过外部刻度盘方便地设定所需风量。其原理是：气流流动产生的动力经阀内充气球囊放大，作用于阀片使其朝关闭方向运行，由弹簧片和凸轮组成的机械装置驱使阀片向相反方向运行，从而保证风管压力变化时风量恒定在微小误差内。定风量阀配置电动执行器，可以实现远程重设风量，实现运行风量与值班风量转换。

自动调节风阀在通风、空调系统中可用于对风量进行控制，其应用包括在空气循环中对混合空气温度的控制和在变风量系统中对室内送风风量的控制等。采用选型适当并具有线性控制作用的风阀，将会有助于系统的正常运行。因为具备线性控制特性的风阀，其阀位在一定程度上的改变才会使风量产生比例的变化。如果控制特性是非线性的，那么给定的控制信号变化量虽然也能引起风阀位置的连续变化，但风量的变化量却不等。其结果便是控制不稳定或不精确。

SLC 风量调节阀产品样本

全开风阀的阻力可以用系统总阻力的百分数表示。该百分数称为"阀权度"或者"特性比率"，即：

$$阀权度（\%）= \frac{全开风阀的阻力（压降）}{系统的总阻力（压降）} \times 100\% \qquad （3-5）$$

这里需要注意的是，系统的总阻力（压降）是指不包括全开风阀在内的系统的阻力（压降），"系统的总阻力（压降）"中的"系统"涉及的仅仅是安装风阀以调节风量的那部分系统，它并不是指整个系统的总压降或者是风机的全静压。所选风阀系统的总压降通常指的是从系统中某一特定点的压力至大气之间的压降。

举例说明：如图3.13所示为带有回风机的常规型空气侧循环系统，带有新风阀的系统总压降是指室外空气与A点（也即新回风混合箱）之间的压力差。新风阀控制的仅仅是通过防雨百叶窗、风阀和新风管的风量。因此，新风阀的阀权度可用新风阀前后的压降除以室外大气与混合箱A点之间的压差后所得百分比数表示。这里，新风阀仅用于控制风量，并不控制气流的方向。为使室外空气进入系统，控制系统中别的构件必须使混合箱（A处）内的压力小于室外大气压。

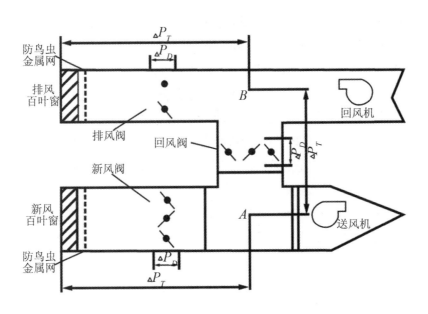

图3.13　带有回风机的空气侧节能循环系统

同样，在对排风阀进行选型时，其系统的总压降指的是从B点到室外大气的压降。此时，在计算阀权度时，系统总压降包含气流通过排风管与百叶窗时的压降，但不包括排风阀前后的压降。

在对回风阀进行选型时，其系统总压降也许不太明显。该压降是指从B点（回风机出口处）到A点（新回风混合箱）之间的压力降。回风阀并不控制流经回风机的风量，它只不过是用于分配排风管和回风管两者之间的风量。B点的压力必须远高于室外大气压，否则空气排不出去。

在采用变风量箱的情况下，系统的总压降则是指从一次风管至房间之间的压降。这时往往会利用一个独立的控制环路来控制风机的风量，从而使一次风管内的压力保持比较稳定的状态。这样，位于变风量箱内的风阀的动作便不会对干风管的风量产生明显的影响，而只会影响到流经变风量箱的那部分干风管的风量。因此，对于变风量箱的阀门来说，其系统的总压降是指从一次风管到房间之间的压降。

目前工业上常用的多叶风阀一般分为：

（1）平行式多叶风阀：所有的叶片均向同一方向平行地动作。

平行式多叶风阀的特性曲线如图3.14所示。由图中可看出，就平行式多叶风阀而言，要想获得线性控制的最佳选择是使阀门的阀权度保持为30%~50%。

（2）对开式多叶风阀：相邻的叶片均向相反方向动作。

对开式多叶风阀的特性曲线如图3.15所示。由图中可看出，就对开式多叶风阀而言，要想获得线性控制的最佳选择是使阀门的阀权度保持为10%~15%。

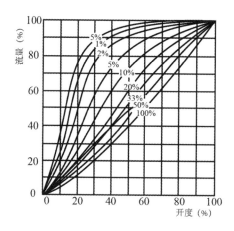

图3.14 平行式多叶风阀的特性曲线

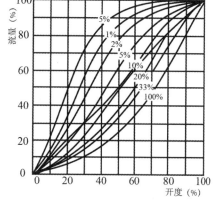

图3.15 对开式多叶风阀的特性曲线

多页风阀选用指南

3.4.2 变频调速风机

风机变速有调换皮带轮、采用双速电机或增加变频器三种方式。调换皮带轮通常在系统调试阶段采用，在准确测量出风机的风量或风压后依据相似定律计算新的风机转速，联系厂家更换不同直径的皮带轮，造价低。采用双速风机的通风系统，平时通风低速运行；事故通风或火灾排烟时高速运行。变频调速则是通过变频器改变电动机输入的交流电源频率来改变电机转速，可实现无极调速。采用异步电动机驱动的风机，其电机转速与频率的关系为：

$$n = \frac{60f}{p}(1-s)$$ （3-6）

式中，n——异步电动机转速，r/min；p——电动机磁极对数；f——电源频率，Hz；s——转差率，额定负载时取2%~5%。

风机变频器实现风机变频调速，它可以实现风机无级调速，并且可以方便地组成闭环控制系统、实现恒压或恒流量的控制。针对风机节能控制设计，通过内置PID和先进的节能软件，实现高效节能，节电效果20%~60%（根据实际工况而定），并且具有以下优点：

（1）简便管理、安全保护、实现自动化控制；

（2）延长风机设备寿命、保护电网稳定、保减磨损、降低故障率；

（3）实现软起、制动功能。

在变风量空调系统中，风机最小风量应为额定风量的50%；在大空间全空气系统中，当需要考虑风机变频节能运行时，最小风量需要满足气流组织要求，例如，如采用喷口侧送风时，应避免由于风量减少而达不到射程要求。

3.4.3 变风量空调系统末端的运行调节

变风量空调系统（VAV）是一种较先进的空调系统，它可根据室内负荷变化自动调节送风量。如果室内负荷下降，该系统在减少送风量、满足舒适需要的同时，亦降低了风机的能耗，具有显著的节能效果。当全年需要送冷风时，它还可以通过直接采用低温全新风冷却的方式来实现节能。目前我国变风量空调系统的工程应用日益增加，如图3.16所示。

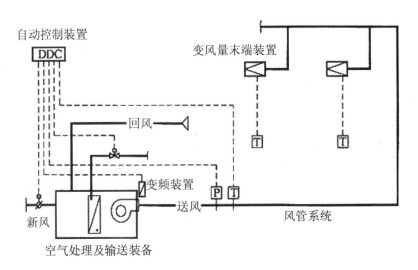

图3.16 风机动力型变风量系统示意图

这种系统比较适合多房间且负荷有一定变化和全年需要送冷风的场合，如办公、会议、展厅等。在变风量空调系统实际运行过程中，随着送风量变化，送至空调区域的新风量也相应改变。为了确保新风量能符合卫生标准的要求，应采取必要的措施，确保室内的最小新风量。本节对其运行方式做简要介绍。

变风量空调系统调节方式复杂，种类繁多，但归纳起来主要有如下四种方式：

1. 使用节流型末端装置进行调节

系统原理如图3.17所示，在每个房间送风管上安装有变风量末端装置。

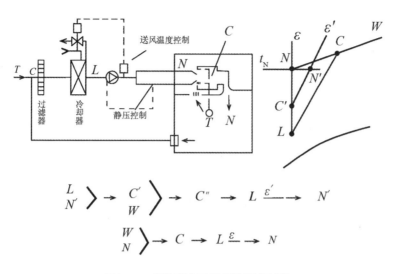

图3.17　节流型变风量系统调节过程

当房间负荷变化时，装在房间内的温控器发出指令，使末端装置内的节流阀动作，改变房间内的送风量。如果多个房间负荷减少，那么多个节流阀节流，则风管内静压升高。压力变化信号送给控制器，控制器按一定规律计算，把控制信号送给变频器，降低风机转速，进而减少总风量。送风温度敏感元件通过调节器，控制冷水盘管三通阀，保持送风温度一定，即随着室内显热负荷的减少，送风量减少，室内状态点从N变为N'。

节流型变风量末端装置最大缺点是存在风压耦合。当几个房间节流减少风量后，会造成风管内总压升高，导致一些没有负荷变化的房间风量增大，如此形成连锁效应，造成整个系统振荡。

2. 使用旁通型末端装置进行调节

在通往每个房间的送风管道上（或每个房间的送风口之前）安装旁通型变风量末端装置。设计负荷下的处理过程与负荷减少时的处理过程如图3.18所示。

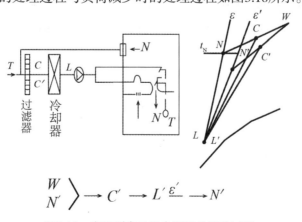

图3.18　旁通型变风量空调系统调节过程

该装置根据室显热负荷的变化，由室内温控器发出指令产生动作，减少（或增加）送往空调房间的风量，系统送来的多余的风量则通过末端装置的旁通通路至房间的顶棚内，直接由回风系统返回空气处理室。在运行过程中系统总的送风量保持不变，只是送入房间内的风量发生变化。它的优点是在一定程度上可解决风压耦合问题。

3. 使用诱导型末端装置进行调节

使用诱导型末端装置的变风量系统如图3.19所示。

在通往每个空调房间的送风管道上（或每个房间的送风口之前）安装诱导型变风量末端装置。诱导型末端装置可根据空调房间内热负荷的变化，由室内温控器发生指令产生动作，调节二次空气侧的阀门，使室内或顶棚内热的二次空气（与一次空气相比）与一次空气相混合后送入室内，以达到室内温度的调节。

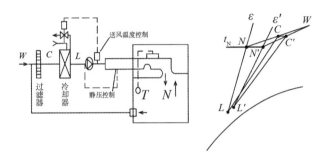

图3.19　诱导型末端变风量空调系统

4. 使用变频风机变风量空调系统进行调节

使用变频变风量空调系统原理如图3.20所示。其调节过程为：室内温控器检测室内温度，与设定温度进行比较，当检测温度与设定温度出现差值时，温控器改变风机盒内风机的转速，减少送入房间的风量，直到室内温度恢复为设定温度为止。室内温控器在调节变风量风机盒转速的同时，通过串行通讯方式，将信号传入变频控制器，变频控制器根据各个变风量风机盒的风量之和调节空调机组的送风机的送风量，达到变风量目的。

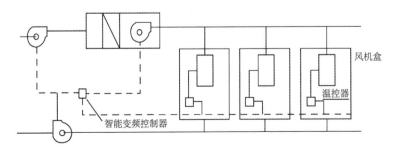

图3.20　变频风机变风量空调系统

3.5 供暖系统的日常运行调节

冬季房间只有热负荷时，室内热环境调控采用供暖方式向室内提供热量。供暖系统运行调节的目的在于使用户的散热设备的放热量与用户的热负荷的变化相适应，以防止热用户发生室温过高或过低。

房间热负荷日变化主要受气温和太阳辐射日变化规律影响，末端散热设备需要随热负荷日变化规律进行供热量调节。供热调节按调节的时间不同分初调节和运行调节。供热系统在投入运行之前，为使供热介质流量的分配符合设计工况，常用专用阀门，对各配热干支线的流量进行一次调节。这种调节称为初调节，是供热系统启动过程中的重要步骤。在供热系统运行期间，建筑物供暖和通风等热负荷随室外气温而变化，生产工艺热负荷也常因生产过程中用热的情况和工作班制变更而增减。为保证供热质量而进行系统的调节，这种调节称为运行调节，是供热系统运行管理的主要内容。为了做好运行调节，现代供热系统已采用遥测、遥控等自动调节设备，以控制供热介质的流量、压力和温度。

按供热调节范围和实施地点的不同，运行调节可分为集中、局部和单独调节三种。集中调节根据主要热负荷的需要，进行全面范围的调节，在热源处进行；局部调节按照一些用户或设备共同的特性，进行局部范围的调节，在热网站或热力站进行；单独调节则根据个别设备的随时需要，直接对用热的设备作补充修正的调节。

本节主要介绍民用建筑散热器和辐射板供暖系统日常运行调节的方法。

3.5.1 散热器供暖

散热器是供暖系统的末端设备，其能量平衡如图3.21所示，没有散出的热量又回到供热管网。散热器运行节能的重点就是要使散热器有利散热，保持周围合理的气流通道，并且维护表面清洁。

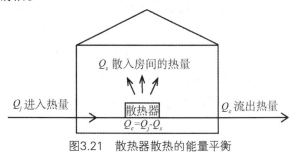

图3.21 散热器散热的能量平衡

水力失调是指热水供暖系统各用户或各散热设备中的实际流量与设计流量之间的不一致性，是影响系统供热效果产生热力失调的重要原因。水力失调的程度用水力失调度表示，即热用户实际流量与规定流量的比值。

$$x = \frac{V_s}{V_g}$$

（3–7）

式中，x——水力失调度；

V_s——热用户的实际流量，m^3/h；

V_g——热用户的规定流量，m^3/h。

当水力失调度等于1，表示供热系统处于稳定工况；水力失调度与1相差越大，表示水力失调越严重。对整个热水供热系统来说，当网路中各热用户的水力失调度都大于1或都小于1时，称为一致失调；否则称为不一致失调。在一致失调中，所有热用户的水力失调度都相等的水力失调称为等比失调，否则称为不等比失调。

水力失调必然会造成近端温度过高，远端温度达不到要求，所以为了满足远端用户的需要，许多热力公司采用加大流量的方法来缓解远近热用户之间冷热不均的现象。这是因为当循环水量增加时远端用户流量接近设计流量，散热器散热量增加，而近端用户流量虽然大大超过设计值，但是散热器的散热能力已接近极限。散热器散热量和流量关系的曲线如图3.22所示。

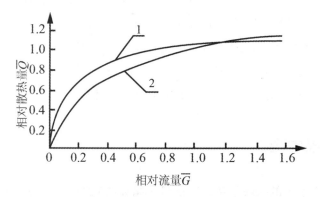

图3.22　散热器的散热量与流量关系的曲线
曲线1–供回水温差10℃；曲线2–供回水温差20℃

可见，实施"大流量，小温差"的运行状态可以平衡二级网的水力失调问题，但会造成热能、电能的大量浪费。为此，在用户热力入口处安装差压控制器，以抵抗用户调节对系统水力工况的干扰；在用户热力入口处装设流量控制器，对各单元供热介质流量分配进行调节；在管道上装设平衡阀，平衡各立管之间的流量；在每组散热器前装设温度控制阀，来控制室内温度。这些措施既可以解决水力失调问题，又能一定程度减少热能、电能的浪费。

散热器温控阀又称恒温阀（thermostatic valve），指安装在每组散热器进水管上具有调节并设定室温的阀门，是实现分室控温的重要装置，其构造如图3.23所示。恒温传感器是一个带少量液体的充气波纹管膜盒，当室温升高时，部分液体蒸发为蒸汽，压缩波纹管关小阀门开度，减少流入散热器的水量；当室温降低时，部分蒸汽凝结为液体，波纹管被弹簧推回开大阀门开度，散热器水量增加，恢复室温。

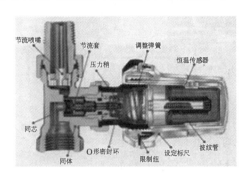

图3.23 温控阀构造

案例－某住宅散热器供暖系统运行测试

3.5.2 地板辐射供暖调节

近年来低温地面辐射供暖系统在我国民用建筑中得到广泛的采用。但是，此种供暖方式普遍存在房间温度过热，甚至有的室温达到30℃以上，用户只好开窗，从而造成了能源的浪费。出现过热现象的其中一个重要原因就是低温地面供暖系统运行调节中供水温度过高。对于传统的散热器供暖系统，其供热调节已经具备完整的公式体系和调节方法，但由于地面辐射供暖与散热器供暖的散热形式不同，二者的供热调节存在差别。

1. 调节公式

散热器供暖和地面辐射供暖散热量计算公式不同，不能简单地利用常用的调节公式计算地面辐射供暖的调节曲线，而应将地面辐射供暖散热量计算公式代入热平衡式后，再整理出供热调节公式进行计算。

对于地面辐射供暖的质调节，将补充条件 $\overline{G}=1$ 代入供热调节的基本公式，即：

$$\overline{Q} = \frac{t_n - t_w}{t'_n - t'_w} = \frac{(t_{pj} - t_n)^{1.032}}{(t'_{pj} - t'_n)^{1.032}} = \frac{t_g + t_h - 2t_{pj}}{t'_g + t'_h - 2t'_{pj}} = \overline{G}\frac{t_g - t_h}{t'_g - t'_h} \tag{3-8}$$

可求出地面采暖系统质调节的供、回水温度的计算公式：

$$t_g = t_n + (t'_{pj} - t_n)\overline{Q}^{0.969} + (t'_g - t'_{pj})\overline{Q} \tag{3-9}$$

$$t_h = t_n + (t'_{pj} - t_n)\overline{Q}^{0.969} + (t'_h - t'_{pj})\overline{Q} \tag{3-10}$$

式中，$\overline{Q}$——相对供暖热负荷比，相应t_w下的供暖热负荷与供暖设计热负荷之比；

t_{pj}——地板表面平均温度（℃）；

t_n——室内温度（℃）；

t_w——室外温度（℃）；

t'_n——室内计算温度（℃）；

t'_w——室外计算温度（℃）；

t'_{pj}——地表面计算平均温度（℃）；

t'_g——供暖热用户的设计供水温度（℃）；

t'_h——供暖热用户的设计回水温度（℃）。

2. 质调节参数特点

低温地面辐射供暖系统调节曲线与散热器供暖的形式相同，但在供水水温和回水水温上有差别，如图3.24所示。低温地面辐射供暖系统通过调节水温在供暖初期供很低的温度就可以达到供暖要求，一般可以低10~20℃。在任一室外温度下，实际供水温度每升高或降低2℃，室温就会升高或降低1℃；实际供水温度和理想供水温度每偏离2℃，室温就会偏离设计室温1℃。

散热器供暖集中质调节公式为：

$$t_g = t_n + 0.5(t'_g + t'_h - 2t_n)\overline{Q}^{\frac{1}{1+b}} + 0.5(t'_g - t'_h)\overline{Q} \tag{3-11}$$

$$t_h = t_n + 0.5(t'_g + t'_h - 2t_n)\overline{Q}^{\frac{1}{1+b}} - 0.5(t'_g - t'_h)\overline{Q} \tag{3-12}$$

以哈尔滨某普通住宅楼为例，分别采用散热器采暖和地面辐射采暖。散热器供暖设计供回水温度为85℃ /60℃，室内计算温度为18℃，采用M-132型散热器；地面辐射采暖设计供回水温度为60℃ /50℃，室内计算温度按设计规范规定可比散热器供暖低2℃选取，最终确定为16℃，地面表面材料取为瓷砖，管间距为300mm。室外计算温度为-26℃。计算后绘制质调节曲线如图3.24所示。

从图3.24中可以看出，在室外温度为5℃时，即供暖初期和末期，地面辐射供暖的供水温度在27.9℃，回水温度在25.3℃，在整个供暖期只需要很低的水温就可以满足室温要求，而散热器采暖却要近40℃，相差10℃以上。散热器供暖系统调节曲线斜率要大于地面辐射供暖系统，随着室外温度的降低，散热器供暖系统的水温和温差提高得很快；而地面辐射供暖系统调节曲线趋于平缓，水温和温差增加的都比较缓慢。可见，地面辐射供暖系统更加便于调节和控制。

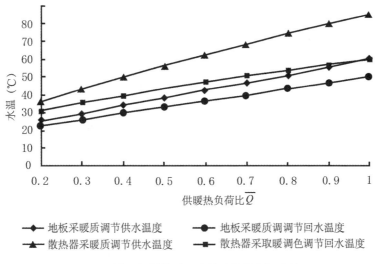

图3.24　地面辐射供暖系统的质调节水温曲线图

案例－某住宅低温热水
辐射供暖系统运行测试

案例－辐射金属吊顶空
调供冷运行节能

3.5.3　供暖系统末端运行节能调控技术

热源、室外管网、热力站增设或完善必要的调节手段，所采用的调节手段应与室内供暖系统管网形式及末端设备类型相适应。

1.分时分温分区供暖技术

根据热用户的性质不同，提供不同的负荷控制策略，使系统的供热量与热负荷相一致，实现分时、分温、分区、按需供热。

在一个供暖系统中，热用户的性质是不同的，例如，一个学校有办公楼、教学楼、宿舍楼、家属楼、图书馆、体育馆、游泳池、车库等，由于建筑物的功能不同，所需的热量不同，供暖时间也各不相同，分时、分温、分区供热技术就是对这些不同的热用户提供不同的负荷控制策略。通过分时、分温、分区调节，使系统的供热量与热负荷相一致，实现按需供热、按时间段供热，达到最大限度的节能。例如：教学楼和宿舍楼的供暖需求不同，白天的教学楼需要高温供暖，且供暖时间要长，而宿舍楼就可以低温供暖，且供暖的时间相对要短；夜间的宿舍楼需要高温供暖，而教学楼就可以低温供暖；图书馆可以按照规定的开馆时间保证适宜的室内温度，其余闭馆时间仅需要低温供暖即可；对车库只要提供较低的供暖温度保证汽车的适应温度就可以了。这种分时分温分区的按需供热，既满足了不同用户的需求，又可达到十分明显的节能效果。

2. 管网水力平衡调节技术

通过管网水力平衡调节，克服水力失调、冷热不均的现象，使用户的实际流量与设计要求流量相一致，达到节能目的。

热力管网在供热系统中完成热的传递，热水经过热力管网将热量传送到热用户，但是由于热用户的性质不同、需要的热量不同、距离锅炉的远近不同等因素，会造成系统中各用户的实际流量与设计要求流量之间的不一致的现象，称之为水力失调，系统水力失调实质是由于系统各环路未实现阻力平衡导致的，水力失调必然要造成热用户的冷热不均、循环泵系统的电能浪费和锅炉的燃气浪费。

要想解决上述问题，就要进行水力平衡调节，在各用户的管网上加装平衡调节阀，调节系统中各用户流量达到设计流量，消除冷热不均，实现热力平衡，满足各热用户对温度的需求。

3. 热计量及远传收费系统

传统的热计量收费方式是按供暖面积，每平方米收取固定的供暖费，这种收费方式不利于用户根据自己的热需求合理地支配使用的热量，易造成热量的浪费。采用热计量表和热分配表结合进行的热能计量才是经过国内外数十年经验验证的、可靠的计量方法。热用户可以按消耗计费，使之更注意行为节能。具体做法是：在每一楼栋前安装热计量表，在户内每组散热器上安装热分配表，由楼表来统计总耗热量，再通过每组散热器的耗热量计量实现能耗的分摊，实现按换热量收费。

热计量及分户计费的好处：公平透明的能源费用支付方式，引起消耗行为的改变、平均降低能耗15%。确保持续性节能，使用户认识到节能潜力，减少损耗、泄漏、偷盗和争议；划分固定费用和消耗费用，为房地产商提供更公平的收入；提高付费率。

分户计量系统可以采用无线电远程读数，即将数据直接通过电脑传到中央处理器或其他数据管理系统中，也可以将数据直接通过数据采集器和GPRS系统传送到客户服务系统中，并可在线读数。还可以将热计量及收费系统与燃气锅炉燃烧系统连接在一起，实现综合控制，可以使流量温度与居民供暖需求相平衡，实现平均7%~10%的节能率。

4. 太阳能辅助加热及纳米涂料技术

太阳能技术就是利用太阳的能量和光为家庭、商业或工业提供热量、照明、热水、电以及制冷。随着能源危机和环境污染的影响，太阳能作为节能、环保、低成本的绿色能源,已经越来越多地应用到生活中。太阳能中央热水系统以太阳能为主要能源,与电能或其他能源配套使用,稳定性好、自动化程度高、无烟气排放,降低了热水成本,节省了大量燃气。

高温远红外纳米涂料是一种用于锅炉的高效节能环保产品。采用特殊的工艺将远红外纳米涂料涂在炉膛的适当部位,涂料固化后形成牢固的涂层,该涂层具有较高的吸收率,并将吸收的热能转换成远红外电磁波的形式辐射,使炉膛温度提高,大大提高了锅炉的热效率,减省了热能损失,达到节能的目的。其优点是:炉膛出口烟温和排烟温度降低,缩短升温时间,热循环性好,热效率提高,能延长锅炉使用寿命,施工简便、快捷。

5. 供暖系统气候补偿器

气候补偿器(climate compensator),指安装在系统的热源或热力站位置用来自动控制出水温度的装置,该装置能够根据室外气温的变化、不同时间段的室温设定,以及回水温度等参数自动控制调节出水温度,达到调节出力的目的。

气候补偿器工作原理及系统安装示意如图3.25所示。

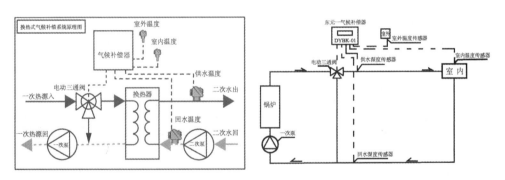

图3.25　气候补偿器原理及安装示意

建筑物的耗热量因受室外气温、太阳辐射、风向和风速等因素的影响时刻都在变化。要保证在室外温度变化的条件下,维持室内温度符合用户要求(例如18℃),就要求供暖系统的供回水温度应在整个供暖期间根据室外气候条件的变化进行调节,以使用户散热设备的放热量与用户热负荷的变化相适应,防止用户室内温度过低或过高。通过及时而有效的运行调节可以做到在保证供暖质量的前提下,达到节能的效果。随着建设部《民用建筑节能管理规定》的发布和实施,以及供暖收费制度改革的不断深入,为适应"分户计量,分室调节"的要求,供暖系统由静态系统转变为动态系统。动态调节分质调节与量调节,气候补偿器是供暖质调节必不可少的自控装置,主要是在集中供热系统中热源处调节二次系统供水温度的控制器,其主要原理是测量室外温度,计算出理论供水温度和回水温度,与实际的供、回水温度进行比较,从而控制电动阀的开度,使热源输出的实际供、回水温度符合理论值，保证热源输出热量等于用户实际用热量，达到节能的目的。

本章小结

    本章主要讲述供暖空调系统的日常运行调节方法，在理解系统负荷变化特性及主要影响因素基础上，分别对全空气空调系统、空气-水空调系统、变风量空调系统的主要设备日常运行调节进行分析，同时介绍了风量调节阀、变风量末端装置和变速风机的调节性能；供暖系统主要介绍了住宅建筑散热器和辐射板供暖方式的运行调节及节能途径。

达成评价

学习成果	自我评价
我熟悉了空调系统运行负荷特性及影响因素	□ 很好 □ 较好 □ 一般 □ 较差 □ 很差
我明白了全空气空调系统的日常调节方法	□ 很好 □ 较好 □ 一般 □ 较差 □ 很差
我初步掌握风机盘管和新风机组的调节方法	□ 很好 □ 较好 □ 一般 □ 较差 □ 很差
我了解变风量装置的运行调节方法	□ 很好 □ 较好 □ 一般 □ 较差 □ 很差
我了解供暖系统末端设备的节能运行调节技术途径	□ 很好 □ 较好 □ 一般 □ 较差 □ 很差

习题与讨论

一、判断题

1. 建筑房间存在冷负荷，就转入供冷工况，需要开启冷源系统供冷。

2. 辐射方式供暖通常比散热器对流方式供暖时室温设定值更高，才能达到同样热舒适。

3. 空调房间夏季室温设定值偏高、冬季室温设定值偏低有利于空调运行节能。

4. 在同一外温下，供水温度一定时，热用户室温高低主要取决于进入散热器循环的流量大小。

二、单选题

1. 当空调房间有正压要求时，系统中风机的停机顺序是：

    A. 送风机   回风机   排风机

    B. 送风机   排风机   回风机

C. 排风机　　　送风机　　　回风机

D. 排风机　　　回风机　　　送风机

2. 风机盘管不转，下列哪一项不属于其故障产生的原因：

A. 电压低

B. 电容器不良

C. 空气过滤器堵塞

D. 配线错误

3. 关于散热器恒温调节阀，说法正确的是：

A. 属于自力式流量调节阀，不消耗外来能耗

B. 初投资少

C. 单双管系统都可以采用

D. 热源供热量不足时也不会出现冷热不均的失调现象

4. 以下关于散热器供暖系统的水流量与房间室温的描述，错误的是：

A. 供水温度一定时，水流量等于设计流量，平均室温为设计室温

B. 水流量大于设计流量时，平均室温高于设计室温，随流量增加室温增加缓慢

C. 水流量小于设计流量，平均室温低于设计室温，随流量减少其平均室温下降幅度变大

D. 流量变化与室温变化是线性相关

5. 关于散热器的散热特性的说法，正确的是：

A. 设计流量越大，散热量随流量增加而增加的幅度也越大

B. 设计流量越大，散热量随流量增加而增加的幅度越小

C. 设计流量越小，散热量随流量增大而增加的幅度越小

D. 供水回水温差越大，流量变化对散热量影响越小

三、多选题

1. 房间余热变化、余湿不变时，定风量系统通过调节再热量来达到送风要求的方式具有以下哪些特点：

A. 室温稳定，控制精度高

B. 风量固定，风机运行能耗高

C. 消耗再热量，耗冷量大，冷热抵消，冷机能耗高

D. 定露点，运行不经济

2. 风机盘管部分负荷运行时可以采取的调节方式主要有：

A. 启停控制

B. 风量调节

C. 水量调节

D. 旁通控制

3. 关于供暖空调房间室内温度允许波动范围的说法，正确的有：

A. 空调房间冬季和夏季室内参数允许范围设定值不同

B. 同一房间冬季采用供暖或空调的室内空气参数控制范围不同

C. 房间温湿度允许范围越大，运行越节能

D. 供暖空调房间对空气湿度没有要求

4. 房间人员变化，会引起以下哪些负荷相应变化：

A. 房间湿负荷   B. 人员散热负荷

C. 新风负荷   D. 围护结构传热负荷

5. 空调系统在运行中发现室内温、湿度偏高，下列哪些属于其可能产生的原因。

A. 制冷系统产冷量不足   B. 空调箱表冷器换热能力不足

C. 风管系统消声设备不完善   D. 空调风机送风量不足

四、简答题

1. 空调末端设备节能运行措施主要有哪些?

2. 末端装置水流量变化对室温的影响规律如何?

第4章　空调系统全年调节与工况转换

本章PPT

教学说明

　　本章以全年运行的空调系统为对象，基于室外气候特征和空气处理系统类型进行空调供冷、供热和通风季节划分，从建筑全年动态负荷特性出发，分别介绍喷水室处理空气和表面式换热器处理空气的空调系统全年运行调节与工况转换方法，建立当地气候资源合理利用的节能运行管理理念。结合项目案例开展教学实践，推荐课内讲授3~4学时。

学习目标

　　（1）理解空调系统全年运行的工况转换条件；
　　（2）理解喷水室处理空气的运行季节划分方法；
　　（3）掌握表面式换热器处理空气的运行季节划分方法；
　　（4）了解空调系统全年运行中气候资源的合理利用途径。

🎓 导入语

　　随着一年四季气候变更，室外气象参数发生周期性变化，空调系统运行工况也应随其变化做相应的调节。室外空气状态的变化，主要从两方面来影响室内空气状态：一方面是当空气处理设备不作相应的调节时，会引起空调系统送风参数的变化，从而造成空调房间内空气状态参数的波动；另一方面，由于室外气象参数的变化引起围护结构传热量的变化，从而引起室内负荷的变化，导致室内空气状态的波动。

　　季节转换和运行工况调节就是根据室外天气的变化引起的外部负荷特性，制定空调系统节能运行的全年调节策略，确定空调风、水系统的质、量调节方式，空调设备的运行台数，水系统的供回水温度，风系统的送风温度、新风量，从而调节系统供冷、供热量。

　　空调系统全年运行过程中，实现送风参数调节的手段主要有：（1）调节空气处理机组中热湿处理设备的冷热媒流量；（2）为充分利用室外空气的自然冷量，变换空气处理过程或通风模式进行调节，如混合空气旁通或回风旁通等调整送风新风比等。

4.1 空调系统全年负荷与运行工况

按照房间负荷性质不同，有冷负荷、热负荷、湿负荷和新风负荷，空调系统负荷值随室内外气象条件和房间使用状况发生变化。采用负荷计算软件分析空调系统全年动态负荷特性，可以将空调系统按运行工况划分为空调供冷季、空调供热季、除湿季和通风运行季。

根据建筑类型和用户需求，以空调系统设计负荷为基准，按负荷率分类分段确定空调系统运行季节划分原则。空调供冷季指空调系统冷负荷率达到一定比例，冷源主机制冷工况至少开启一台，空调末端有冷媒需求进行冷却降温处理空气的时段。空调供热季指空调系统热负荷率达到一定比例，热源主机至少开启一台，空调末端有热媒需求进行加热处理空气的时段。空调除湿季指空调系统冷热负荷很小，只存在湿负荷，需要对送风空气进行除湿的时段。通风运行季指房间冷热湿负荷都很小，不需要启动人工冷热源，只通过通风换气就能保证室内空气质量和满足卫生要求的时段。

针对有新风的空调系统，如一次回风空调系统和二次回风空调系统，当室外空气参数改变时，新风负荷发生变化，影响到空调系统负荷，从而影响房间供冷供热量。全年运行调节就是在保证室内环境品质前提下，节省空调系统全年运行能耗，合理确定空调运行季节的工况切换和调节系统新风量。

本章分别针对末端采用喷水室处理空气和表面式换热器处理空气这两类常见的集中空调系统空气处理方式，分析空调系统全年运行调节与工况转换方法。

4.2 喷水室空调系统全年运行调节

本节分析基于下面的前提条件：

（1）空调房间的室内热湿负荷（即工作人员数、运转设备的台数、电热设备数以及照明设备开启的数量等）保持不变，只考虑室外气象参数变化。

（2）空调房间在全年使用中所要求的空气状态参数（温度、相对湿度）均为一定值。因此，这时室内的送风量和送风状态是一全年不变的值，该系统称为定风量空调系统。

对全年各时刻干湿球温度状态点在焓湿图上的分布进行统计，算出这些点全年出现的频率值，就可得到焓频图，点的边界线称室外气象包络线。图4.1（a）上可显示出室外空气焓值的频率分布。图4.1（b）为在室外设计空气参数下的一次回风空调系统的流程。

当室内状态点冬夏设计值都固定时，按照室外的空气状态全年的变化情况，将全年室外空气状态所处的位置划分为Ⅰ、Ⅱ、Ⅲ、Ⅳ四个区域，冬夏季允许有不同的室内状态点，如图中的N_1和N_2。在焓频图上用等焓线作为分界线来分区，这样比较方便。其中Ⅱ′区为冬夏季室内设计参数不同所特有的，若两者相同则不存在这个区。

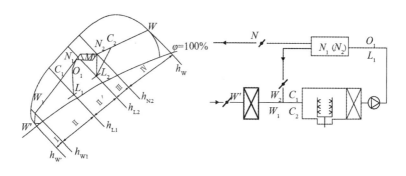

（a）室外空气焓值的频率分布　　　（b）一次回风空调系统流程
图4.1　一次回风空调系统的全年分区图

下面以一次回风空调系统为例，根据焓频图分析在室外空气状态点位于不同工况区内时的调节过程。对于每一个空调工况区采用不同的运行调节方法。每一个空调工况区，空气处理都应尽可能按最经济的运行方式进行，而相邻的空调工况都能自动转换。

4.2.1　第Ⅰ工况区的运行调节方法

当室外空气状态处于第Ⅰ区时，则有$h_W < h_{W1}$，属于冬季寒冷季节。该处理过程如图4.2所示。从节能角度考虑，可把新风阀门开最小，按最小新风比送风，同时开启系统的一次加热器（即空气一次加热器），将新风处理至h_{w1}的等焓线上。

在冬季特别冷的一些地区，当按照最小新风比混合，C_1'点处于h_{L1}线以下时，应将新风预热后再与一次回风混合后达到C_1点（即h_{L1}的等焓线上），一次混合后的空气经循环水绝热加湿后处理至系统机器露点L_1，再经二次加热器加热将空气处理至送风状态点O_1后送入室内。随着室外空气焓值的增加，可逐步减少一次加热量。当室外空气焓值等于h_{W1}时，室外新风和一次回风的混合点也就自然落在h_{L1}线上，此时，一次加热器可以关闭。一次加热过程也可以在室外空气和室内空气混合后进行。

对于有蒸汽源的地方，冬季采用喷干蒸汽加湿，是一种比采用喷水室循环水加湿系统更简单实用的方法。

调节一次加热器加热量的方法有两种，一是调节进入一次加热器的热媒流量，这可以通过调节一次加热器管道上的供回水阀门来实现，见图4.3（a）；二是控制一次加热器处的旁通联动风阀，以改变通过一次加热器处的风量和不通过一次加热器处的风量的比例来进行调节，见图4.3（b）。上述两种方法，前者常用于热媒为热水的加热器，此方法温度波动大，稳定性差；后者多用于热媒为蒸汽的加热器，其调节特点是温度波动小，稳定性好。当调节质量要求高时，可将两种方法结合起来使用。

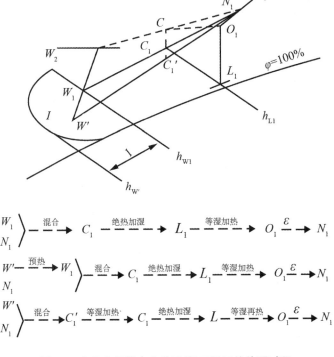

图4.2　室外空气状态点处于第I工况区的处理过程

从上面的分析可以看出，在第一阶段里，随着室外新风状态的改变，只需要调节一次加热器的加热量就能保证达到要求的L点。当室外空气状态在h_{L1}线上时，一次加热器关闭，第一阶段调节结束，将进入第二阶段的调节。

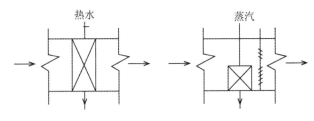

（a）调节热媒流量　　　　　（b）调节旁通风门
图4.3　一次加热器调节方法

4.2.2　第II工况区的运行调节方法

第II区室外空气焓值在h_{W1}与h_{L1}之间，从焓频图上可以看出，当室外空气状态到达该区域时，这时应是所谓的过渡季，即春季或秋季。如果仍按最小新风比$m\%$混合新风，则混合点的焓值必然大于h_{L1}；如果要维持混合点的焓落在h_{L1}上，就不能再用喷循环水的方法，而要启动制冷设备，用一定温度的低温水处理空气才能达到，这显然是不经济的。这时可采用改变新回风混合比（即增加新风量，减少回风量）的方法，使新回风混合点仍然落在h_{L1}上，然后再用循环水喷淋处理至机器露点，再经二次加热器加热升温至送风状态点O_1后送入房间即可满足系统运行调节的需要，如图4.4所示。显然，此方法不但符合卫生要求，而且由于充分利用新风冷量，可以推迟启动制冷设备的时间，从而达到节能的目的。室外空气焓值恰好等于h_{L1}时，这时可采用100%的新风，完全关闭一次回风，进入第三阶段的调节。

新回风混合比的调节方法，是在新、回风口处安装联动多叶调节阀，使风口同时按比例一个开大，另一个关小，如图4.5所示。根据L点的温度控制联动阀门的开启度，使新、回风混合后的状态点正好在h_{L1}线上。在整个调节过程中，为了不使空调房间的正压过高，可开大排风阀门。在系统比较大时，有时可设双风机系统来解决过渡季节取用新风问题。按照这一阶段的要求，在空调系统设计时新风口和风管尺寸应按全新风计算，排风口和排风管道尺寸按全排风确定。

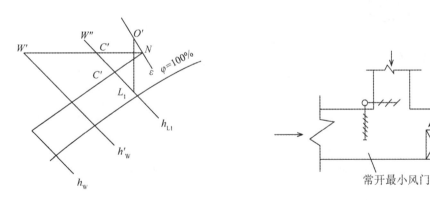

图4.4　室外空气状态点处于第II工况区的处理过程　　　图4.5　联动多叶调节阀调节新回风量

4.2.3　第II′工况区的运行调节方法

第II′区是冬季和夏季要求室内参数不同时才有的工况区，即室外空气焓值在冬、夏季的露点焓值之间的区域。如果室内参数在允许的波动范围内，则新回风阀门不用调节，这时室内状态点随新风状态变化而变化。如果工艺要求室内参数有相对稳定性，则可将室内参数的值调整到夏季的参数，采用与Ⅱ区的同样方法处理空气，即通过改变新风和回风的混合比进行调节。如果机器露点仍然保持在点h_{L1}上，则在Ⅱ′区内就要启动制冷机。用改变室内整定值的方法可以推迟冷机开启的时间，从而节省冷量，达到节能的目的。

4.2.4 第Ⅲ工况区的运行调节方法

第Ⅲ区室外空气焓值在h_{L2}和h_{N2}之间，如图4.6所示。这时开始进入夏季，h_{N2}总是大于室外空气状态点h_w，如果利用室内回风将会使混合点C'的焓值比原有室外空气的焓值更高，显然这是不合理的。所以为了节约冷量，应该关掉一次回风，采用全新风。从这一阶段开始，需要启动制冷机，喷水室喷冷冻水，空气处理过程将从降温加湿改为降温减湿处理。喷水温度应随着室外参数的增加从高到低地进行调节。喷水温度的调节可用三通阀调节冷冻水量和循环水量的比例（图4.7）。此外，如空调房间的相对湿度要求不严，也可用手动调节喷淋水量的方法来控制露点温度。

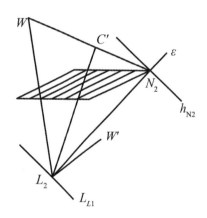

图4.6 室外空气状态点处于第Ⅲ工况区的处理过程

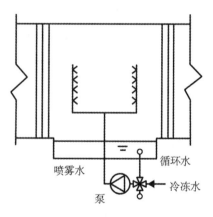

图4.7 三通阀调节冷冻水量和循环水量控制喷水温度

4.2.5 第Ⅳ工况区的运行调节方法

第Ⅳ区是空气状态处于全年的高温高湿季节，由于室外空气焓值高于室内空气焓值，如继续全部使用室外新风将增加冷量的消耗，此时就应该采用回风。为了节约冷量，可采用最小新风比$m\%$，喷水室或表冷器用冷冻水对空气进行降温减湿处理才能满足空调房间所要求的空气状态参数。当室外空气焓值增高至室外设计参数时，水温必须降到设计工况（夏季）时的喷水温度。调节处理过程如图4.8所示。

上述的调节方案主要是从运行节能经济上合理、管理上方便考虑的，由于控制简单，性能可靠，所以应用较广。如空调系统所需冷量不多，也可采用新、回风比例全年不变的方案，即全年只分两个阶段，这样，虽然要提早一些使用冷源，在冷量上也要浪费一些，但运行调节方案却更简单了。一次回风空调系统的调节过程可归纳为图4.9。对于二次回风空调系统全年的运行调节见图4.10，

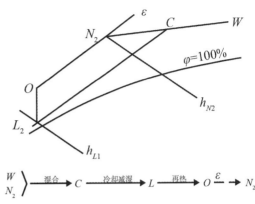

图4.8 室外空气状态点处于第Ⅳ工况区的处理过程

其特点是全年调节新风量，充分利用室外空气的自然冷却能力，同时利用二次回风和补充再热来调节室温。

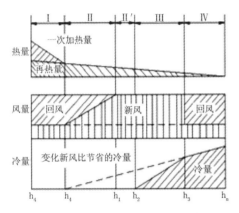

图4.9 一次回风空调系统的全年运行调节图

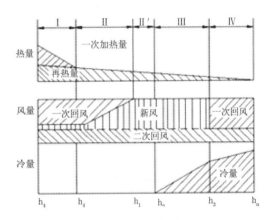

图4.10 二次回风空调系统的全年运行调节图

4.3 采用表面式换热器与蒸汽加湿器的空调系统全年调节

本节主要介绍针对末端采用表面式换热器的全空气空调系统，当室外空气参数变化时，对表面式换热器和干蒸汽加湿器进行调节的方法。

4.3.1 全年运行分区划分

对于采用表面式换热器和蒸汽加湿器处理空气的全空气定风量空调系统，当室内状

态点N一定，室内负荷一定，送风温差或送风量一定时，送风状态点O不变。当室外空气状态位于不同区域时，应采取不同的处理方法。

如图4.11所示，W点为室外空气状态点，N点为室内设计状态点，O点为送风状态点，E点为按最小新风比混合正好达到送风点的室外空气状态点。将室外空气的温度与含湿量同送风状态点O和混合点E的温度和含湿量大小进行比较，通过E点和O点的等温线和等湿线将室外空气状态分为6个区，其中第6区又根据室内空气等焓线分为两个区。分区如下：

根据等温线划分三个区，冷冻区：$t_w>t_o$；恒温区：$t_E<t_w<t_o$；加热区：$t_w<t_E$；

根据等湿线划分三个区，加湿区：$d_w<d_E$；恒湿区：$d_E<d_w<d_o$；冷冻除湿再热区：$d_w>d_o$。

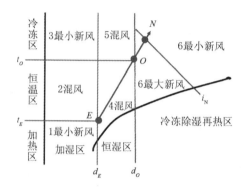

图4.11　采用表面式换热器的空调系统全年分区

4.3.2　不同区域空气处理方法

同时考虑温度和湿度分区，不同区域采取不同的空气处理运行方案。

第1区：加热加湿区。空气处理过程采用最小新风量，室内外空气混合后加热、加湿到达送风状态点O，如图4.12所示。

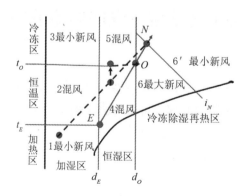

图4.12　第1区处理过程

　　第2区：等温加湿区。空气处理过程通过调节新风比，使混合点温度达到送风状态点O等温线，再等温加湿至送风状态点O，如图4.13所示。

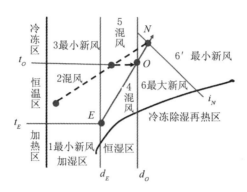

图4.13　第2区处理过程

　　第3区：降温加湿区。空气处理过程采用最小新风比，混合后降温冷却至送风状态点O等温线，再等温加湿至送风状态点O，如图4.14所示。

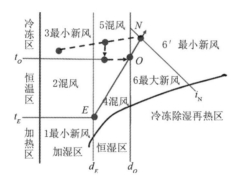

图4.14　第3区处理过程

　　第4区：混风加热区。空气处理过程通过调节新风百分比，使混合点在送风状态点O的等湿线上，再等湿加热至送风状态点O，如图4.15所示。

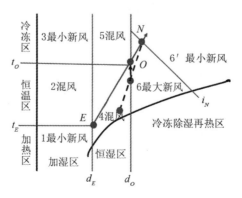

图4.15　第4区处理过程

第5区：上部区域为混风冷却区。通过调节新风百分比，使混合点在送风状态点O的等湿线上，再降温冷却至送风状态点O，如图4.16所示。下部区域为混风加湿区或混合后等湿冷却至送风状态点O，如图4.17所示。

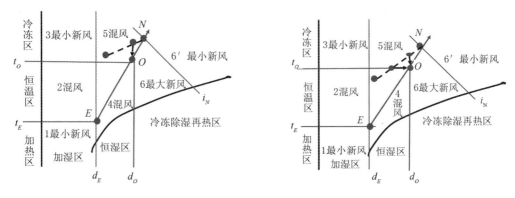

图4.16　第5区上部区域处理过程　　　　　　图4.17　第5区下部区域处理过程

第6′区：夏季区。采用最小新风比混合后冷却除湿到机器露点，再加热至送风状态点O，如图4.18所示。

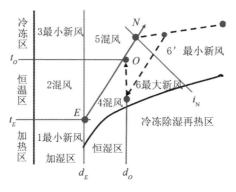

图4.18　第6′区处理过程

第6区：夏季全新风区。室外新风焓值低于室内空气焓值的区域，采用最大新风，降温除湿后再热至送风状态点O，如图4.19所示。

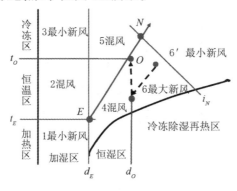

图4.19　第6区处理过程

以上6个区中，采用全新风或新风比可调节的区域通常认为是过渡季节，可以实现节能的运行策略。但值得注意的是，当室内外温差很小时，最优的运行方案并非是维持最大送风量，因为对于变风量系统，维持较小的送风量，同时部分开启制冷机可能运行更节能。实际工程中，运行方案需要综合权衡风机运行能耗和冷冻机能耗后确定。

4.4 空调系统全年运行中气候资源的利用

4.4.1 通风优先的全年变风量运行策略

空调系统的冷、热负荷与室外新风量的关系密切，在过渡季节或气候资源有利条件下，充分利用室外新风中的冷量可以减少冷机运行时间，节约空调系统运行能耗。在空调供冷情况下，有以下三种运行策略：

（1）当室外空气焓值低于室内空气设计焓值，且室外空气含湿量大于送风状态点含湿量时，此时室外空气状态处于第6区，空气处理过程为冷却减湿过程，此时空调机组应全新风运行。

（2）当室外空气焓值低于室内空气设计焓值，且室外空气含湿量小于送风状态点含湿量时，此时室外空气状态处于第5区，应调节空调机组的新回风比，使得新回风混合后的空气含湿量与送风状态点含湿量相同，再经过冷却除湿后送入室内。

（3）当室外空气温度状态与设计送风状态相同时，此时应该关闭空调机组，采用通风方式来满足室内热舒适需求。

在空调供热工况下，当室外空气温度低于设计送风温度且室外空气含湿量大于d_E小于d_0时，此时室外空气状态处于第4区，应调节空调机组的新回风比，使得新回风混合后的空气含湿量与送风状态点含湿量相同，再经过等湿加热后送入室内。

4.4.2 大型建筑内区新风免费供冷运行

对于一些体量较大的建筑综合体，存在一些无外围护结构、周边负荷影响较小而室内发热量较大的内区需要全年供冷的情况，但内区空调负荷特性比较稳定。在过渡季或冬季时，内区应该充分利用室外新风的冷量，加大引入室外新风，既能提升室内空气品质，又有助于减少冬季冷源设备的使用时间，从而降低空调系统全年运行能耗。

大型建筑加强自然通风，主要是春秋季的非空调使用时期（每年4—5月，10—11月部分时段，占全年时间的30%左右）。利用自然通风对保证室内热舒适要求、提高空气品质都有利，合理的自然通风能够有效地利用室外清洁凉爽的空气，及时排出建筑内区的余热，改善室内空气品质并降低空调能耗。当室内外的平均气温有温度差时，二者的空气密度存在差异，室内与室外的空气垂直压力梯度也相应地有所不同，形成不同压差。当在建筑的某一高度处只设单个开口时，尽管两边存在温度差，也不会促成气流穿过开口，这是因为流出的空气（质量）没有进口的补充，所以不会持续流动。此时，若在此开口下方再开一个口，则室外的空气就从此下方开口进入，而室内空气就从上方开口排出，从而形成"热压通风"，即"烟囱效应"。实际运行中，采用机械辅助送风时，烟囱效应产生的自然通风可以为大型商业建筑在过渡季节室内环境的热舒适提供动力。因此，在节能改造中通过增设中庭部分并加置烟囱，既符合现代建筑环境要求，又能达到空调系统运行节能的要求。

刘猛等研究表明，在中国夏热冬冷地区的室外气候条件下，对于冬季，商场有近100%的时间可以采用全新风模式，而过渡季节会有一半左右的时间可以采用全新风模式，从而全年可以减少30%~60%的人工冷源运行时间，并且室内负荷越大，采用全新风模式的节能效果越好。冬季和过渡季采用全新风模式，每年可以实现100~180kWh/m^{2}的节能效果，从而产生30~50kg/m^{2}的碳减排量。

 拓展 – 关于"民用建筑通风"的工程思维——民用建筑通风的热点转移

 拓展 – 对夏热冬冷地区暖通空调气候特点的再认识

本章小结

本章主要讲述集中式空调系统的全年工况转换调节方法，在理解全年动态负荷变化特性及室外气候分区基础上，分别对采用喷水室处理空气和表面式换热器处理空气的两类系统全年运行调节进行工况转换分析，同时介绍全年运行中气候资源的合理利用与节能运行技术途径。

达成评价

学习成果	自我评价
我熟悉了空调系统全年负荷特性及影响因素	□ 很好 □ 较好 □ 一般 □ 较差 □ 很差
我明白了空调系统工况转换及分区调节方法	□ 很好 □ 较好 □ 一般 □ 较差 □ 很差
我初步掌握喷水室空调系统的全年工况划分	□ 很好 □ 较好 □ 一般 □ 较差 □ 很差
我理解了表面式换热空调系统工况划分方法	□ 很好 □ 较好 □ 一般 □ 较差 □ 很差
我了解气候资源利用的节能运行技术途径	□ 很好 □ 较好 □ 一般 □ 较差 □ 很差

习题与讨论

一、多选题

1. 利用喷水室处理空气可以实现的空气变化过程包括

    A. 干加热   B. 增焓加湿

    C. 等焓加湿   D. 降温除湿

2. 采用喷水室处理空气的定风量空调系统季节转换的调节内容包括：

    A. 喷水温度   B. 新风量

    C. 加热量   D. 加湿量

3. 建筑空调供冷季运行，系统能承担的房间调控功能主要包括：

    A. 房间降温   B. 房间除湿

    C. 提供新风   D. 控制污染

4. 全年运行中，按通风季运行的主要任务包括：

    A. 降温   B. 保证室内空气质量

    C. 除湿   D. 满足室内卫生要求

5. 从室内环境热湿调控方式划分，采用空调系统的建筑全年运行工况一般分为：

    A. 供冷季   B. 供热季

    C. 除湿季   D. 通风季

二、单选题

1. 以下应用中属于合理利用气候资源实现空调运行节能的有：

    A. 夏季采用最小新风量

    B. 冬季采用最小新风量

C. 过渡季或夜间加大新风量进行降温通风

D. 除湿季控制新风量

2. 关于一次回风和二次回风的说法，错误的是：

    A. 二次回风夏季可以取代再热过程，减少系统供冷量

    B. 采用二次回风的空气处理过程比一次回风的机器露点更低

    C. 冬季过程二次回风和一次回风的加热量一样大

    D. 二次回风在任何季节运行都比一次回风节能

3. 关于空气处理过程机器露点的说法，正确的是：

    A. 机器露点就是空气露点温度

    B. 机器露点越低，系统运行越节能

    C. 机器露点越低，需要冷源主机的冷媒温度越低

    D. 机器露点越高，表冷器除湿能力越大

4. 空调系统采用表面式换热器处理空气不能实现的热湿过程是：

    A. 加热   B. 加湿

    C. 冷却   D. 除湿

5. 喷水室处理空气的空调运行分区依据是根据：

    A. 室外空气温度   B. 室外空气焓值

    C. 送风露点焓   D. 送风露点温度

第5章 常规冷、热源机房系统节能运行

本章PPT

教学说明

本章以常规冷热源设备及机房系统为对象，基于高效设备与部分负荷性能介绍主机运行能效评价指标，从建筑冷热源设备安全、节能运行出发，分别介绍几种常见冷热源主机的运行性能评价指标和部分负荷工况的运行调节方法；结合工程项目案例和水质标准拓展，强调冷热源机房水质管理的重要性。结合项目案例开展教学实践，推荐课内讲授3~4学时。

学习目标

（1）理解冷热源机组运行评价指标；

（2）掌握常规冷热源机组部分负荷运行调节方式；

（3）理解冷却水系统运行调节方法；

（4）了解机房水系统水质管理制度。

🎓 **导入语** --

冷源系统含冷源设备、冷媒水循环系统设备（冷冻水循环泵、分水器、集水器等）、冷却水系统设备（冷却水泵、冷却塔、冷却水补水泵等）及设备管道系统；热源系统含热源设备、空调热媒水循环泵、集中采暖系统热水循环泵、热交换器及设备管道系统。在实际空调工程中，冷热源被称为空调系统主机，一方面因为它是系统的心脏；另一方面，它的能耗也是构成系统总能耗的主要部分。

建筑物的空调负荷是变化的，冷热源所需提供的冷热量在大多数时间都小于最大设计负荷的80%。在部分负荷运行时，环境状况往往对冷热源运行更有利，不同的机组型式受环境变化影响不一样，机组部分负荷性能也不同，这些都与建筑物所在地区的气候特性有关。比如，水冷式冷水机组主要受空气湿球温度的影响，而风冷机组主要受干球温度的影响。所以综合评判一种冷热源系统的运行能耗特性，一方面应对大量的工程实例的常年运行状况进行总结分析；另一方面可结合建筑物的全年负荷状况、机组的变工况特性、所在地区的气象条件，做全年的运行能效分析。

本章所指常规冷热源是相对于应用新能源的建筑冷热源，主要包括电动冷热水机组、吸收式冷热水机组和燃气/燃油锅炉等，采用非常规的新能源建筑冷热源详见第六章。

5.1 冷热源形式及其运行能效评价指标

建筑冷热源形式多种多样，主要有：①电动冷水机组供冷、燃油锅炉供热，供应能源为电和轻油；②电动冷水机组供冷和电热锅炉供热，供应能源为电；③风冷热泵冷热水机组供冷、供热，供应能源为电；④蒸汽型溴化锂吸收式冷水机组供冷、热网蒸汽供热，供应能源为热网蒸汽、少量的电；⑤直燃型溴化锂吸收式冷热水机组供冷供热，供应能源为轻油或燃气、少量的电；⑥水环热泵系统供冷供热，辅助热源为燃油、燃气锅炉等，供应能源为电、轻油或燃气。

5.1.1 不同冷热源机组的一次能源效率

在这些冷热源形式中，消耗的能源有电能、燃气、轻油、煤等，把这些能源形式全部折算成同一种一次能源，并用一次能源效率OEER进行比较，来衡量它们的节能性。各类冷热机组的OEER计算方法如下：

1. 电动蒸气压缩式冷水机组（或风冷热泵冷热水机组）

$$OEER = \frac{Q_{out}}{P_{in}} = EER\eta_c\eta_d \tag{5-1}$$

对于热泵冷热水机组的冬季制热工况：

$$OEER = \frac{Q_{out}}{P_{in}} = \varepsilon_h\eta_c\eta_d \tag{5-2}$$

式中：Q_{out}——机组的制冷量或制热量，kJ；

P_{in}——机组消耗的电量，kJ；

EER——冷水机组的能效比；

ε_h——热泵冬季工况的制热系数；

η_c——发电厂效率，一般为0.30~0.35，一般平均取0.32；

η_d——输配电效率，近似取0.95。

则，$OEER=0.32\times0.95\times EER=0.304EER$，或$OEER=0.32\times0.95\times\varepsilon_h=0.304\varepsilon_h$。

2. 溴化锂吸收式冷水机组

对于外燃型溴化锂吸收式冷水机组，

$$OEER = \frac{Q_{out}}{Mq_b} = \zeta \eta_b \eta_p \qquad (5-3)$$

式中：ζ——吸收式冷水机组的热力系数；

η_b——锅炉效率，燃煤锅炉近似取0.65；

η_p——热力管网输送效率，近似取0.95；

M——每秒钟燃料燃烧量，kg/s；

q_b——每千克燃料的热值，KJ/kg；

则$OEER = 0.65 \times 0.95 \times \zeta = 0.618\zeta$。

3. 直燃型溴化锂吸收式冷热水机组

$$OEER = \frac{Q_{out}}{Mq_b} = \zeta \qquad (5-4)$$

4. 燃油燃气锅炉供热

$$OEER = \frac{Q_{out}}{Mq_b} = \eta_{hb} \qquad (5-5)$$

式中：η_{hb}——锅炉效率，燃煤锅炉取0.65，燃油燃气锅炉取0.85。

5. 电锅炉

$$OEER = 0.304 \qquad (5-6)$$

$OEER$值见表5.1。

表 5.1　各种冷热源型式的 $OEER$ 值

工况	冷热源型式	输入能源	额定工况时能耗指标			季节平均		
			EER 或 εh	ζ	$OEER$	EER	ζ	$OEER$
夏季制冷	活塞式冷水机组	电	3.9		1.19	3.4		1.034
	螺杆式冷水机组	电	4.1		1.25	3.60		1.094
	离心式冷水机组	电	4.4		1.34	3.90		1.186
	活塞式风冷热泵冷热水机组	电	3.65		1.11	3.20		1.034
	螺杆式风冷热泵冷热水电机组	电	3.80		1.16	3.40	3.40	0.969
	蒸汽双效溴化锂吸收式冷水机组	煤		1.15	0.71		1.05	0.648
	蒸汽双效溴化锂吸收式冷水机组	油 / 气		1.15	0.93		1.05	0.875
	直燃型双效溴比锂吸收式冷热水机组	电		1.09	1.09		0.95	0.95

续表

工况	冷热源型式	输入能源	额定工况时能耗指标			季节平均		
			EER 或 *εh*	*ζ*	*OEER*	*EER*	*ζ*	*OEER*
冬季制热	活塞式风冷热泵冷热水机组	电	3.85		1.17	3.45		1.049
	螺杆式风冷热泵冷热水机组	电	3.93		1.20	3.63		1.104
	直燃型双效溴化锂吸收式冷热水机组	油／气		0.90	0.90		0.75	0.75
	电锅炉	电	1.0		0.304	0.9		0.274
	燃油锅炉	油		0.85	0.85		0.75	0.75
	采暖锅炉	煤		0.65	0.65		0.60	0.60

注：额定工况下，冷水机组——冷冻水进、出口温度12/7℃，冷却水进出口温度32/37℃；热泵冷热水机组——夏天环境温度35℃，冷水出水温度7℃；冬季环境温度7℃，热水出水温度45℃。

从表5.1可看出，单纯从一次能源消耗角度出发，夏季单冷冷水机组比冷热水机组节能，其顺序从高到低依次为离心式冷水机组、螺杆式冷水机组、活塞式冷水机组、螺杆式风冷热泵冷热水机组；耗能最大的是蒸汽双效溴化锂吸收式冷水机组，因此只有在夏季有可利用的热源，且经济上合理时，才宜选用。冬季一次能源消耗最少的是风冷热泵冷热水机组，耗能最大的是电热锅炉。综合来看，风冷热泵冷热水机组是一套系统供冬夏两季使用，又节省了机房面积、冷却水系统，初投资也具有竞争力。有资料对上海的200栋高层建筑的冷热源方式做了统计，风冷热泵冷热水机组在夏季冷源中占到了25%，冬季热源中占到了30%。根据龙惟定教授等对上海的9栋办公楼和商办楼所做的全年能耗调查表明，某采用风冷热泵冷热水机组的建筑单位面积折算年一次能耗最低，为1.23GJ/m².a；而在冬季采用电锅炉供热的某建筑达到了2.72GJ/m².a。可见，冷热源型式对建筑运行能耗的影响是很大的。

5.1.2 常规冷热源机组的运行效率

机组运行效率可以通过现场实测后计算获得。

1. 冷源机组运行效率

蒸气压缩式电动制冷机组：

$$\eta_{c,com}=C_pG_{w,L1}(T_2-T_1)/P_{compressor} \tag{5-7}$$

直燃式吸收式热力制冷机组：

$$\eta_{c,ABS}=C_pG_{w,L1}(T_2-T_1)/G_{GAS,OR,OIL}Q_1 \tag{5-8}$$

其中Q_1为燃料热值。

2. 热源机组运行效率

燃油或燃气热水锅炉：

$$\eta_{h,boil} = C_p G_{w,L1}(T_2-T_1)/G_{GAS,OR,OIL}Q_1 \tag{5-9}$$

电热水锅炉：

$$\eta_{h,ele} = C_p G_{w,L1}(T_2-T_1)/P_{boiler} \tag{5-10}$$

3. 冷却水塔运行效率

采用冷却塔进出水的实际温差与最大可能的温差（冷却塔进水温度与室外空气湿球温度之差）的比值计算冷却塔运行能效：

$$\eta_{towl} = \frac{T_{w,1} - T_{w,2}}{T_{w,1} - T_{w,s}} \times 100\% \tag{5-11}$$

散热效率不能体现冷却塔能效，采用单位冷却塔风机系统能耗对应主机冷量来表示：

$$EER_{coolingtowel} = \frac{Q_0}{P_{towelfan}} \tag{5-12}$$

上述公式中的符号统一说明：所有设备参数为同一工况下运行过程的实测值，通过监测仪表直接测量获取或间接测量计算获得。

5.2 常规冷、热源主机运行调节

5.2.1 冷源主机变容量运行调节方式

合理地配置机组的台数及容量大小，根据建筑物负荷的变化特性进行运行机组容量的搭配，可以使设备尽可能满负荷高效率运转。《民用建筑供暖通风与空气调节设计规范》（GB50736-2012）规定，冷热源机组台数应能适应负荷全年变化规律，满足季节及部分负荷要求。对于设计负荷大于528kW以上的公共建筑，机组设置不宜少于2台，除可提高安全可靠性外，也可达到经济运行的目的。比如，某建筑的负荷在设计负荷的60%~70%时出现的频率最高，如果选用两台同型号的机组，就不如选三台同型号机组或一台70%、一台30%一大一小两台机组，因为后两种方案可以让两台或一台机组满负荷运行来满足该建筑物大多数时候的负荷需求。冷热源机组具有良好的能量调节特性，是节约冷热水机组运行能耗的重要技术手段。大、中型空调系统的冷源主机，以离心式和螺杆式冷水机组为主。

螺杆压缩机通过滑阀移动，能实现10%~100%的无级容量调节，如图5.1所示。

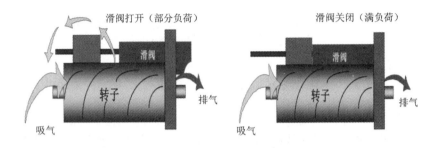

图5.1 螺杆压缩机容量调节示意图

离心式压缩机的性能与容量控制，可采用变频驱动VSD改变转速和入口导叶预旋调节PRV技术，可以实现机组在部分负荷下高效节能运行，如图5.2所示。

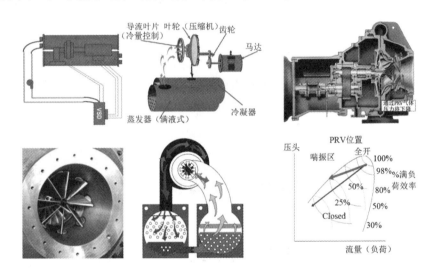

图5.2 离心式压缩机容量调节示意图

部分负荷运行时，关键是要防止喘振的发生。离心式压缩机运转时出现的气体来回倒流撞击现象称为喘振现象，是离心机的固有现象，其原因主要是吸气压力过低或冷凝压力过高。喘振对机组危害大，由于压力、排量大幅度脉动，噪声振动加大，电流发生脉动，影响机组安全运行。

5.2.2 冷源机组部分负荷性能要求

《公共建筑节能设计标准》（GB 50189—2015）对机组综合部分负荷性能系数IPLV有规定，如表5.2所示。

表 5.2　冷水（热泵）机组综合部分负荷性能系数

类型		额定制冷量（kW）	综合部分负荷性能系数（IPLV）（W/W）
水冷	螺杆式	<528 528~1163 >1163	4.47 4.81 5.13
	离心式	<528 528~1163 >1163	4.49 4.88 5.42

备注：IPLV 值基于单台主机运行工况，IPLV=2.3%×A+41.4%×B+46.1%×C+10.1%×D，式中，A 代表 100% 负荷时的性能系数，冷却水进水温度 30℃；B 代表 75% 负荷时的性能系数，冷却水进水温度 26℃；C 代表 50% 负荷时的性能系数，冷却水进水温度 23℃；D 代表 25% 负荷时的性能系数，冷却水进水温度 19℃。

实际工程中采用多台机组时，对于单台机组来说，其全年的低负荷率及低负荷运行时间是不一样的。台数越多，若采用群控方式运行，其单台全年负荷率越高。所以，单台冷水机组在各种机组负荷下运行时间百分比，与IPLV中各种机组负荷下运行时间百分比会存在较大的差距。

 拓展－磁悬浮离心式冷水机组节能原理与调节性能

 案例－项目－上海建科大厦－磁悬浮制冷压缩机组应用

 案例－项目－重庆某医院－磁悬浮离心机

5.2.3　热交换器的运行控制

空调热水系统与冷水系统相似，通常是以设定供水温度来运行的。因此，热交换器控制的常见做法是：在二次水出水口设温度传感器，由此控制一次热媒的流量。当一次热媒的水系统为变水量系统时，其控制流量应采用电动两通阀；若一次热媒不允许变水量，则应采用电动三通阀。当一次热媒为热水时，电动阀调节性能应采用等百分比型；一次热媒为蒸汽时，电动阀应采用直线阀。如果有凝结水预热器，一般来说作为一次热媒的凝结水的水量不用再作控制。

当系统内有多台热交换器并联使用时，与冷水机组一样，应在每台热交换器二次热水进口处加电动蝶阀，把不使用的热交换器水路切断，保证系统要求的供水温度。

5.2.4 冬、夏工况的转换

空调水系统冬、夏工况的切换只是在两管制系统中才具有的，通常是通过在冷、热供、回水总管上设置阀门来实现，自控设备的使用方式决定了冷、热水总管的接口位置及切换方式。

1.冷、热计量分开，压差控制分开

这种情况下，冷、热水总管可接入分、集水缸（见图5.3）。从切换阀的使用要求来看，当使用标准不高时，可采用手动阀。但如果使用的自动化程度要求较高，尤其是在过渡季有过能要求来回多次切换的系统，为保证切换及时并减少人员操作的工作量，这时应采用电动阀切换。主要优点是冷、热水旁通阀各自独立，因此各控制设备均能根据冷、热水系统的不同特点来选择、设置和控制，这对于压差控制及测量精度都是较高的。这一系统的主要缺点是由于分别计量及控制，使投资相对较大。

2.冷、热计量及压差控制冬夏合用

此种方式的优缺点正好与上一种方式相反（如图5.4）。通常此时冷、热量计量及测量元件和压差旁通阀都按夏季来选择，当用于热水时，由于流量测量仪表及旁通阀的选择偏大，将使其对热水系统的控制和测量精度下降。

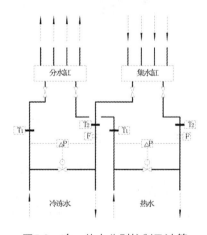

图5.3　冷、热水分别控制及计算

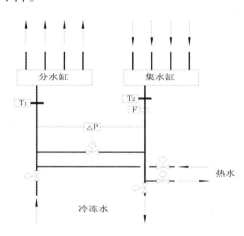

图5.4　冷、热水合用控制及计算

在这时，冷、热水切换不应放在分、集水缸上而应设在分、集水缸之前的供、回水总管上，以保证前面所述的冷、热量计算的精度。从实际情况来看，总管通常位于机房上部较高的位置，手动切换是较为困难的。因此，这时通常采用电动阀切换（双位式阀门如电动蝶阀等）。同时，压差控制器应设于管理人员方便操作处，以使其可以较容易地进行冬、夏压差控制值的设定及修改（通常冬季运行时的控制压差小于夏季）。

在按夏季工况选择旁通阀后，为了尽可能使其在冬季时的控制较好，需要确定冬季供热时的热水量要求。假定夏季及冬季的设计控制压差分别为 ΔP_s、$\Delta P_d(p_a)$，最大旁通流量分别为 W_s、$W_d(m^3/h)$，则按夏季选择时，阀的流通能力为：

$$C_s = \frac{316W_s}{\sqrt{\Delta P_s}}$$

（5-13）

按冬季理想控制来选择，则阀的流通能力为：

$$C_d = \frac{316W_d}{\sqrt{\Delta P_d}}$$

（5-14）

由于采用同一旁通阀，因此，同时满足夏季与冬季控制要求的阀门应是 $C_s = C_d$，则由上两式得：

$$\frac{\Delta P_s}{\Delta P_d} = \left(\frac{W_s}{W_d}\right)^2$$

（5-15）

与夏季压差旁通控制相同的是：冬季最大旁通量也为一台二次热水泵的水量。因此，当 ΔP_s、ΔP_d 及 W_s 都已计算出的情况下，可由式（5-15）计算出 W_d，这就是二次热水泵的水量，这一水量是以控制来说最为理想的对二次热水泵的流量要求，由 Wd 并根据总热负荷及热水供、回水温差即可反过来确定出热交换器及二次热水泵的台数（一一对应）。当然，由此确定热交换器的台数后，还应符合热交换器的设置原则：一台热交换器停止运行时，其余的应能保证总供热量的70%以上。

5.3 冷却水循环系统节能运行

一般地，制冷系统冷却水进水温度的高低对主机耗电量有着极大影响，在水量一定的情况下，冷却进水温度高1℃，电动压缩主机电耗约增加3%，溴化锂冷水机组能耗高6%。

5.3.1 冷却水系统的运行调节

1.冷却水泵的运行调节

当冷却水泵不采用变频泵时，一般采用"一机对一泵"的方式，使冷却水泵恰好工作在冷机要求的设计流量下。冷机停止，对应的冷却泵也停止，这需要在每台冷机的冷却水侧安装电动通断阀。在冷却水泵开启时，打开相应的通断阀；在冷却水泵关闭时，关闭通断阀。否则通过另一台开启的冷却水泵的部分水量就会通过这台停止的冷机，从而使工作的冷机冷却水量不足，造成工作不当。

当采用变频泵时，仍按照"一机对一泵"的方式，停机停泵。同时根据冷却水进出口温差调节冷却水泵转速，使通过冷水机组的冷却水温基本不变，从而使冷机与冷却水泵总的电耗最小。

2. 冷却塔的运行调节

冷却塔与冷水机组通常是电气联锁的，这要求冷却塔的控制系统投入工作，一旦冷却回水温度不能保证时，则自动启动冷却塔风机。所以，冷却塔的控制实际上是利用冷却回水温度来控制相应的风机（风机做台数控制或变速控制），不受冷水机组运行状态的限制（例如，室外湿球温度较低时，虽然冷水机组运行，但也可能仅靠水从塔流出后的自然冷却而不是风机强制冷却即可满足水温要求），它是一个独立的控制环路。

5.3.2 冷却塔供冷技术

冷却塔供冷技术又称为免费供冷技术，是近年来国外发展较快的节能技术之一。它是指在室外空气湿球温度较低时，关闭制冷机组，利用流经冷却塔的循环水直接或间接地向空调系统供冷，提供建筑物所需要的冷量，从而节约冷水机组的能耗。

冷却塔供冷可分为间接供冷系统和直接供冷系统两种形式，其原理如图5.6所示。间接供冷系统是指系统中冷却水环路与冷水环路相互独立，能量传递主要依靠中间换热设备来进行。其最大优点是保证了冷水系统环路的完整性，保证环路的卫生条件，但由于其存在中间换热损失，使供冷效果有所下降。直接供冷系统是指在原有空调水系统中设置旁通管道，将冷水环路与冷却水环路连接在一起的系统形式。夏季按常规空调水系统运行，转入冷却塔供冷时，将制冷机组关闭，通过阀门打开旁通，使冷却水直接进入用户末端。对于直接供冷系统，当采用开式冷却塔时，冷却水与外界空气直接接触易被污染，污物易随冷却水进入室内空调水管路，从而造成盘管被污物阻塞。采用闭式冷却塔虽可满足卫生要求，但由于其靠间接蒸发冷却原理降温，传热效果会受到影响。目前在工程中通常采用冷却塔间接供冷的方式。对于同时需要供冷和供热的建筑，需要考虑系统分区和管路设置是否满足同时供冷和供热的要求。

一般情况下，由于冷却水泵的扬程不能满足供冷要求、水流与大气接触时的污染问题等，较少采用直接供冷方式。采用间接供冷时，需要增加板式热交换器和少量的连接管路，但投资并不会增大很多。同时，由于增加了热交换温差，使得间接供冷时的免费供冷时间减少了。这种方式比较适用于全年供冷或供冷时间较长的建筑物，如内区面积较大的智能化办公大楼等内部负荷极高的建筑物。比如，美国的圣路易斯某办公试验综合楼，要求全年供冷，冬季供冷量500冷吨（注：1冷吨等于3.517千瓦）。该系统设有2台1200冷吨的螺杆式机组和一台800冷吨的离心式机组，冷却塔配备有变速电机，循环水量694L/s。为节约运行费用，1986年将大楼的空调水系统改造成能实现冷却塔间接免费供冷的系统，当室外干湿球温度分别降到15.6℃和7.2℃时转入免费供冷，每年节约运行费用达到125000美元。

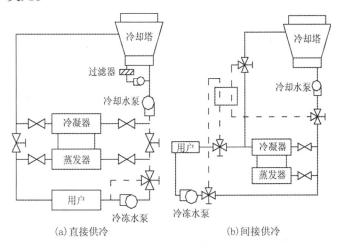

图5.6　冷却塔供冷系统原理

5.4　冷热源机房水质管理

5.4.1　水质标准概述

为了改善机组换热效果、节约能源、减少维修费用、延长设备的使用寿命。因此有必要对集中空调的冷却水、冷冻水系统进行彻底地化学清洗、消毒、预膜处理。加强日常水系统水质的管理也是冷热源机房系统运行管理的重要内容之一。水质处理的必要性主要有以下三点：

（1）延长管线和设备的使用寿命。如果在主要管线和设备上发生泄露，或在敷设管道上发生了泄露时，更换维修，不但要花费较大费用，而且实施时存在着许多困难。

（2）运行节能。当结垢和腐蚀产生锈垢堆积物时，会导致传热效率下降，为达到设定效果，必须加大能量消耗，同时还会造成缩短设备的使用寿命。在敞开式循环水系统中，采用水处理技术还会节省大量的补充水。

（3）创造稳定舒适的工作和生活环境，减少细菌及军团菌滋生的可能，保证中央空调系统稳定正常运行。20世纪80年代中期，人们发现在工业的冷冻水系统中引入工业循环冷却水处理技术效果甚佳，这就是循环冷却水化学水处理技术。该技术是向水中投加水质稳定剂，包括分散剂、阻垢剂、缓蚀剂、杀菌剂等，通过化学方法，其原理是通过螯合、结合和吸附分散作用，使易结垢的Ca^{2+}、Mg^{2+}稳定地溶于水中，并对氧化铁、二氧化硅等胶体也有良好分散作用，本法是目前酒店空调水处理使用最普遍、技术最成熟的一种方法，实践证明行之有效。

为达到设备安全和高效运行的目的，机组在运行过程中，需要根据实际的运行情况，提供不同品质的水源。尤其针对水源的pH值存在较为严格的标准，如果pH值超过7，对于冷水机组会产生较为严重的腐蚀现象，此时需要及时有效地处理，避免在蒸发器或者模具内部产生大量的水垢，影响冷水机组的具体运行效率，导致制冷效果严重下降，因此通过有效的方式将硬水软化，能够节约以上出现的各类较为严重的问题。常见的水质处理方法有：

1. 物理法水处理

离子棒、高低频电磁波、高低压静电场、纳米金属源技术等。利用水分子的物理性能，外加电场、磁场，改变水分子的排列状态，增大水分子极性，起到防垢目的。该方法仅需一次投资，无维护费用，仅使用电的费用，但物理水处理器比碳钢易碎，并易产生局部腐蚀而有穿孔可能，故设备需定期巡检，其维护工作量少，无环境污染，无消耗物，管道寿命较长。

2. 化学法水处理

针对水质的具体特点，有选择性地投加阻垢剂、缓蚀剂、杀菌剂，改变水质的化学性质，达到阻垢、防腐及控制微生物的目的。该方法操作复杂，药量需精确把握，需日常投加药剂，含设备、药剂、运行、维护的费用。该法作为经典方法，历经百年检验，能控制系统腐蚀、结垢及微生物的生长，对阻垢、防腐及控制微生物是非常有效的，不仅可以实现系统的阻垢，而且可以达到缓蚀的目的。其作用范围广，只要水流到的地方，水处理就有效，不受系统限制，但要求相对专业，必须请专业公司才能完成，否则会出现水处理药剂性结垢。

化学水处理方式属于成熟的水处理方式，在各种水处理中比较多见，能杀菌、缓蚀、延缓结垢，但也存在运行费用高、操作麻烦等缺点。物理水处理方式是一种较简单的水处理方式，运行费用少，操作简单方便，但也存在初投资高、技术不成熟等问题。所以目前化学处理仍为大多数水处理项目的首选。

5.4.2　冷热循环水系统水质管理

1. 水质管理内容

（1）除藻除泥。用人工方法清洗膨胀水箱，然后从水箱投加杀菌灭藻剂、黏泥剥离剂，开冷冻泵循环12~24小时，作全系统的杀菌灭藻剥离处理，然后从冷冻水最低点排污。

（2）清洗。从膨胀水箱投加高分子有机复合清洗、除垢剂、缓蚀剂，pH值调节为4.5~6.0。开冷冻泵循环12~24小时，然后从冷冻水最低点排污，将系统内的污物、锈渣排出，全系统水排完后，打开冷冻水系统主管道Y型过滤器，清除杂物，清除干净后，补满自来水，开泵循环10~30分钟，即刻停泵排水，如此重复几次，至排放的水澄清透明为止。

（3）预膜。从膨胀水箱投加复合缓蚀预膜剂，开泵循环12~24小时，作预膜处理。在系统管道裸露金属表面形成厚度约为5000埃的保护膜。

（4）日常保养。排放预膜液，排放后，系统补满水，投加缓蚀复合配方药剂，正常开机转入日常运行处理阶段。

（5）冷冻水系统的日常处理。本系统是密闭的，无蒸发损失，药物损失小，缓蚀剂防锈效果长，故只需取水样分析化验，检查系统有无泄漏，及时补充调整药剂即可。

在以上清洗、预膜的基础上，在系统中投放管道保养药；其中，冷媒水系统中投放缓式阻垢剂，冷却水系统中投放缓式阻垢剂+杀菌灭藻剂。如遇水质异常，乙方提供12小时紧急服务，现场解决水处理问题。

加药周期。夏季每半个月左右在冷却水系统中加一次药；3个月左右在冷冻水系统中加一次药。冬季根据实际检测结果，1~3月左右在热媒水系统中加一次药。

2. 锅炉及热水系统

集中供热的外网和建筑物内的供暖系统逐步分为两个技术范畴，其供热方式可归结为锅炉直供和换热器供热两类供热方式。前者的热媒水通过锅炉及散热器实现循环；后者是换热后的两次热媒水通过散热器与换热器实现循环，而不与锅炉直接相通。由于锅炉和换热器对热媒水质的要求不同，所以处于以上两种供热方式下的散热器，分别承受着不同水质的热媒。锅炉直供的供暖系统，水质按锅炉水质控制；换热器供热的供暖系统，水质按换热器控制，按密闭式循环冷却水水质采用。

标准数据－锅炉水质指标

3. 板式换热器

（1）以离子或者分子状态溶解于水中的杂质对板式换热器的危害。在水中有许多钙盐是造成板式换热器结垢的主要成分。该盐类是一种质硬、结晶细密的水垢，结构松散，附着力小，是一种比较松软的泥渣，从水中分离出来的具有流动性。

（2）溶解氧气体对板式换热器的危害。板式换热器发生腐蚀的原因很多，但腐蚀最严重、最快的还是氧气。当腐蚀集中于金属表面的某些部位时，则成为局部腐蚀。

（3）以胶状状态存在的杂质对板式换热器的危害。胶体的存在主要是些铁化合物、微生物、泥垢、黏垢等。换热器流体水质要求比较严重，在运行管理中，应予以重视，配备一些必要的防垢、防腐设备，延长设备使用寿命。

5.4.3 冷却水系统水质管理

水质对于开式冷却塔和闭式冷却塔的影响不同，在开式冷却塔当中，水质的影响比闭式冷却塔要严重得多。因为开式冷却塔的循环比较简单，都是喷淋水通过水泵、管路再循环到喷淋当中，然后回到水池当中，在这个过程中，喷淋水已经是遍及每一个流程，并且在部分行业使用的时候还需要配套换热器，那么水质不好对于换热器的壁也会影响。而闭式冷却塔内循环和外循环分开，只有外循环用到喷淋水，并且只经过冷凝器的外壁。

1. 水质对于冷却塔具体的影响

（1）水垢：不管是开式冷却塔还是闭式冷却塔，都会产生水垢。开式冷却塔的水垢主要集中在填料上，闭式冷却塔的水垢主要集中在冷凝器的外壁，部分还会附着在冷却塔的壁上。

（2）损坏填料：水垢一般都是附着在填料的表面，但是填料是一层比较好的塑料，水垢的重量较大，长期附着就会造成填料破损，影响正常使用，必要的时候需要更换。

（3）散热：水垢附着在填料上和附着在冷凝器的表面，都会影响散热效果和通风效果。循环的风主要就是通过填料的缝隙和冷凝器的缝隙流动进行换热，水垢就会占据一部分空间，通风量就会减少，另外水垢还会影响填料和冷凝器的散热效果。

（4）喷淋头：喷淋头的主要作用就是雾化喷淋水，均匀喷淋，油杂质肯定会堵塞喷淋头，造成空间内喷淋不均匀，造成部分的干点，或者是部分填料干燥的情况，这种情况高热下就会引起冷却塔着火。

标准数据 – 冷却水水质指标

2. 冷却水系统水质管理内容

（1）冷却塔清洗。冷却塔长期暴露在室外，受风吹雨打。冷却塔风机不停运转造成空气中大量灰尘落在冷却塔中，容易繁殖、生成大量藻类。空气中大量的SO_2、SO_3等进入冷却塔，与水分结合，较易生成腐蚀性强的化合物腐蚀冷却塔及管道。用人工清洗冷却塔内的杂物，如纸板、塑料袋、小动物的尸体等。然后用高压水枪逐一冲洗填料，底盘百叶窗，清除上面的灰尘、污泥、藻类、锈片等，通过冷却塔的排污口排掉。

（2）杀菌灭藻。将系统的水布满，加入杀菌剥离剂、杀菌灭藻剂、黏泥剥离剂，开泵循环12~24小时，通过冷却水系统的最低排污点，将系统水放掉。

（3）化学清洗。将系统水布满，加入高分子有机清洗剂、缓蚀剂，与系统内的硬质水垢与锈垢发生中和、分解和络合反应，除去硬垢和锈垢，pH值为4.5~6.0，开泵循环12~24小时，其间每隔30分钟测试一次pH值，根据pH值变化加入清洗剂、缓蚀剂，调整pH值为4.5~6.0，从最低排污点将水放掉。拆开主机的冷凝器清除内部杂物，用高压水枪逐一清洗每根铜管。如铜管内仍有垢，则需对冷凝器单独清洗。经清洗后，铜管应露出金属本质。

（4）预膜。将系统水放满，投入高分子复合预膜剂，开泵循环12~24小时排放。在系统裸露的金属表面形成一层薄而致密的保护膜，厚度约为5000埃。（1埃=10^{-10}米）

（5）拆开主管道的Y型过滤器，拿出过滤网，冲洗干净再装上。

（6）冷却水管理的日常处理。开机期间取水样分析pH值、硬度、总铁、总铜、细菌数等指标。由于本系统是敞开式的，水分的蒸发、排污使药物的浓度下降，所以应根据分析测试的结果，调整配方、投药，一般为1~6周投药一次。

拓展 – 重庆某医院大楼空调
冷却水系统诊断分析

📖 本章小结

本章主要讲述冷热源主机运行调节方法和能效评价指标，在理解主机部分负荷特性基础上，分别对采用常规空调冷热源的容量调节与控制方式分析，同时介绍了机房水系统水质管理内容与方法，并结合工程实际案例进行拓展训练。

达成评价

学习成果	自我评价
我熟悉了冷热源负荷特性及运行能效评价	□ 很好 □ 较好 □ 一般 □ 较差 □ 很差
我明白了常规冷热源主机运行调节方法	□ 很好 □ 较好 □ 一般 □ 较差 □ 很差
我初步掌握水系统水质管理的内容及指标	□ 很好 □ 较好 □ 一般 □ 较差 □ 很差
我理解了工程案例中冷热源系统常见问题	□ 很好 □ 较好 □ 一般 □ 较差 □ 很差

习题与讨论

一、判断题

1. 螺杆式压缩机内泄露对容积效率无影响。

2. 离心式制冷机组压力检漏试验后可直接进行真空实验。

3. 冷水机高压报警一定是由于无冷却水引起的。

4. 冷却塔风机故障不会导致冷凝压力超高。

5. 根据换热量计算公式，冷源机组换热设备散热量变化与冷热流体流量变化呈现线性关系。

二、单选题

1. 同一台冷水机组运行时，以下能提高机组性能的措施是：

  A. 提高冷却水回水温度   B. 降低空调回水温度

  C. 提高压缩机排气温度   D. 降低换热器表面污垢系数

2. 螺杆式压缩机的容量调节方式为：

  A. 入口导叶调节   B. 滑阀调节

  C. 盘通调节   D. 分段启停调节

3. 制冷压缩机选用的冷冻机油黏度过小，将会产生：

  A. 压缩机不运转   B. 压缩机运转轻快

  C. 压缩机运转过热抱轴   D. 压缩机工作不受影响

4. 离心式压缩机可利用（   ）实现10% ~ 100%范围内的制冷量调节，节能效果好。

  A. 增速器   B. 轴承

  C. 进口导叶   D. 冷却系统

三、多选题

1. 提高燃气或燃油锅炉热源系统运行效率的措施包括：

A. 降低排烟损失　　　　　　　　　　B. 提高燃烧效率

C. 降低排污损失　　　　　　　　　　D. 加强设备及管路保温

2. 离心式制冷压缩机的制冷量可以实现无级调节，典型的调节方法有：

　　A. 采用叶轮入口可旋转导流叶片调节　　B. 采用变频调速

　　C. 采用进口节流调节　　　　　　　　　D. 冷凝器水量调节

3. 开式冷却循环水系统的补水量，主要依据以下哪些因素确定：

　　A. 蒸发损失　　　　　　　　　　　　B. 风吹损失

　　C. 排污损失　　　　　　　　　　　　D. 渗漏损失

4. 冷水机组定流量输配的优点有哪些？

　　A. 水力参数在各种负荷下保持恒定　　　B. 水泵压头保持恒定

　　C. 机组输出压差恒定　　　　　　　　　D. 各控制环路之间不会相互干扰

四、简答题

1. 螺杆式制冷机组启动后连续震动，可能是什么原因？

2. 活塞式冷水机组压缩机吸气压力过低的原因有哪些？

3. 制冷压缩机吸气压力过低的原因是什么？

4. 哪些情况下空气有可能进入制冷系统？

5. 简答压缩机冷凝温度过高的原因有哪些？

6. 冷水机组运行流量变化对机组性能有何影响？

7. 制冷系统产生"脏堵"的原因是什么？

8. 制冷系统产生"冰堵"的原因是什么？

第6章　建筑新能源应用系统运行调节

本章 PPT

教学说明

　　本章以建筑新能源冷热源系统为对象，介绍建筑可再生能源应用的主要形式，分别介绍空气源热泵、水地源热泵、太阳能建筑光热系统、建筑蓄能系统和水环热泵系统等的运行调节和性能评价指标；结合工程项目案例拓展了实际工程中可再生能源冷热源系统应用存在的问题与发展方向。结合项目案例开展教学实践，推荐课内讲授3~4学时。

学习目标

　　（1）理解建筑冷热源中新能源应用途径；
　　（2）掌握空气源热泵系统运行调节方式；
　　（3）理解土壤源热泵、水环热泵及水源热泵系统的运行调节方法；
　　（4）了解蓄冷空调系统的运行调控策略
　　（5）了解太阳能建筑应用系统的运行调节。

🎓 导入语 --

　　新能源（New Energy，NE），又称非常规能源，是指传统能源之外的各种能源形式，一般指在新技术基础上加以开发利用的可再生能源，包括太阳能、生物质能、风能、地热能、波浪能、洋流能和潮汐能，以及海洋表面与深层之间的热循环等；此外，还有氢能、沼气、酒精、甲醇等。随着技术的进步和可持续发展观念的树立，过去一直被视作垃圾的工业与生活有机废弃物被重新认识，作为一种能源资源化利用的物质而受到深入的研究和开发利用，因此，废弃物的资源化利用也可看作是新能源技术的一种形式。国际上，1981年在内罗毕召开的"新能源和可再生能源"国际会议首次提出"可再生能源"定义，指新的、可更新的能源资源，采用新技术和新材料加以开发利用，不同于常规的化石能源，可持续发展，几乎是用之不竭，消耗后可得到恢复和补充，不产生或很少产生污染物，对环境无多大损害，有利于生态良性循环的能源形式。可再生能源可以从自然界直接获取、可连续再生、永续利用，但具有分布的时间和空间不均衡性。

　　建筑新能源应用形式包括太阳能热水器、太阳房、光伏发电、地热供暖、地源热泵空调、空气源热泵空调、秸秆与薪柴生物质燃料和沼气等。截至2014年年底，我国累计太阳能光电建筑应用装机容量3354MW，累计浅层地温能建筑应用面积达到4.4亿m^2。

浅层地温能建筑应用技术类型，含地下水源、土壤源、污水源、地表水源以及少量的海水源。空气热能是指贮存在大气中的热能，且能够被热泵装置转换利用，形成高于环境温度、以满足供热需求的热源。空气热能是储存在空气中的太阳能，无处不在、储量丰富，取之不尽，用之不竭，且易于获取，可用于采暖、热水，需求广泛。欧盟2009年通过法令（Renewable Energy Source Directive）将空气热能（Aerothermal energy）纳入可再生能源范围，浙江2012年通过《浙江省可再生能源开发利用条例》将空气能纳入可再生能源范围。

　　本章主要讲述建筑中的各种热泵应用、太阳能光热应用和蓄能系统。

6.1　建筑热泵应用概述

　　作为一种可再生能源应用设备，热泵是一种利用高位能使热量从低位热源流向高位热源的节能装置，可以把不能直接利用的低位热能（如空气、土壤、水中所含的热能、太阳能、生活和生产费热等）转换为可以利用的高位热能，从而节省部分高位能（如煤、燃气、油、电能等），如空气源热泵和水源热泵等。其中，水源热泵是指以水为介质进行制冷或制热的一种整体式热泵机组，它在制热时以水为热源，而在制冷时以水为热汇。

　　图6.1是热泵机组同时供冷供热示意图。当夏季运行制冷时，通过热回收侧换热器水泵的开、关，实现制冷、制冷+热回收；当冬季运行制热时，通过热回收侧换热器水泵的开、关，实现制热、制热+热水。这类机组的特点是夏季回收冷凝热提供生活热水，可以节约锅炉运行能耗，同时节约制冷机组运行能耗。

拓展 - 热泵发展史及分类

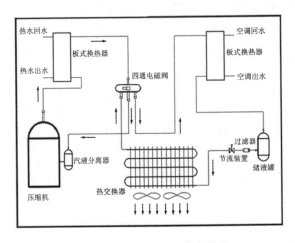

图6.1　热泵机组同时供冷供热

【实例】　广州某宾馆项目，项目要求见下表：

项目		冷负荷	热负荷
冷（热）量		5620kW	900 kW
应用		大楼冷负荷	生活热水
设计工况	冷冻水进出水温（℃）	12/7	/
	冷却水进出水温（℃）	32/37	50/55
运行时间			全年全天

采用两种方案分别如下：

方案1：冷水机组运行期间，采用热泵机组提供生活热水；冷水机组停机期间，采用锅炉供热。

方案2：全年采用锅炉提供热水。

费用节省和投资回报情况见下表：

每天运行时间（小时）	运行费用节省（元/年）		投资回报期（年）	
	柴油锅炉	天然气锅炉	柴油锅炉	天然气锅炉
24	824862	536657	0.5	1
18	618646	402493	0.7	1.3
12	412431	268328	1	2
6	206215	134164	2	3

可见，采用热泵机组提供生活热水，投资回报期不超过2年，并且每天运行时间越长，投资回报期越短，运行费用节省越显著。

案例 – 水源热泵机组与常规冷热源方案比较

6.2 空气源热泵系统的运行调节

6.2.1 空气源热泵供暖系统运行调节

空气源热泵空调系统是基于逆卡诺循环原理运行的，其通过消耗一定的高品位能源来获取空气中的自然能，从而实现供冷（供暖）的目的。空气源热泵空调系统的运行受到室外空气参数的影响较大，热泵机组应放置在通风良好的地方，在夏季，若机组所在环境温度过高，会影响热泵机组室外换热器与空气的热交换，严重时会造成机组停机保护；在冬季，当室外换热器表面的温度低于室外空气露点温度时，机组换热器表面就会结霜，随着霜层的加厚，会降低室外换热器的换热性能，使得热泵系统蒸发温度降低，压缩机吸气压力下降，进而增加机组运行能耗，性能指数下降，严重时还会造成停机现象，在寒冷地区采用空气源热泵空调系统时，一定要考虑机组冬季除霜问题。

针对不同的空调末端形式，空气源热泵空调系统的供水温度有所差异。根据《辐射供暖供冷技术规程》（JGJ142—2012）的相关规定，辐射供暖系统所需要的供回水温度应满足表6.1的要求。

表 6.1 辐射供暖供回水温度

设置位置	宜采用供水温度（℃）	供回水温差（℃）
地面辐射供暖	35~45	5~10
毛细管辐射供暖（顶棚、墙面）	25~35	3~6
毛细管辐射供暖（地面）	30~40	3~6

采用辐射供冷末端的空调系统，在供冷期，空气源热泵机组的供水温度应能保证供

冷表面温度高于室内空气露点温度1~2℃，避免供冷表面发生结露现象。

　　风机盘管末端是利用强制送风的方式将盘管里面的冷热量吹到室内，在供冷状态下，其需要的供水温度为7℃；供暖状态下，其需要的供水温度为40℃。

　　散热器供暖是通过自然对流的方式来加热室内空气，从而达到供暖的目的，其需要的供水温度最高，约为50℃。

6.2.2　空气源热泵热水系统运行调节

　　空气源热泵热水系统是利用空气源热泵机组来制备热水，供给用户。常见的系统形式如图6.2所示，包括空气源热泵热水器和保温水箱。

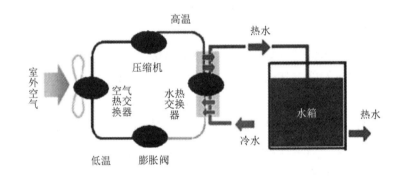

图6.2　空气源热泵热水系统流程图

　　生活热水系统的运行是全年度的，但是热泵热水机组并不需要一天24小时不间断运行，机组每天的运行时间主要取决于用户的用水量和机组的功率，每天运行几十分钟到几个小时不等，根据我国《建筑给水排水设计规范》（GB 50015）的要求，生活热水的供应温度为55℃。为保证生活热水的供应温度，常在恒温水箱处设置温度检测装置与热泵机组联动，当水箱内水温低于40℃时，应启动热泵机组进行加热。对于寒冷和严寒地区，冬季室外温度过低，热泵机组可能无法将冷水加热至55℃，在这种情况下，可以采用辅助热源（如电加热），先利用空气源热泵机组将水的温度提升到相对较高的温度，再借助辅助热源将热水加热至需求温度。

案例 – 空气源热泵供暖应
用 – 煤改电 – 严冬送暖

6.3　水源热泵系统的运行调节

6.3.1　概述

水源热泵系统在制热时以水为低位热源而在制冷时以水为排热源，其原理如图6.3所示。

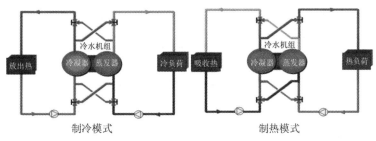

图6.3　水源热泵机组基本原理

1. 以地表水为热源的热泵系统

地表水的温度在夏季不太高，在冬季不太低，是热泵理想的热源。而且在利用过程中，不会引起水质的污染。在夏热冬冷地区，存在着大量的江河湖泊，其中蕴藏着丰富的低位热能。比如重庆、武汉、上海、宜昌、杭州等城市，都濒临大江、大湖甚至大海，将这些低位能和热泵技术结合来加以利用。一般情况下，这些水源不宜直接流经热泵系统的换热器，需要通过一个中间换热器，将从水源引出的水流与中间换热器中的循环水进行热交换，循环水再与热泵系统的换热器进行热交换。这个中间换热器可以有比较大的规模，其中的循环水再分配给多个用户。比如靠近某个地表水源的住宅小区，可以建立一个中间换热站，为每户居民提供热泵用水源。

2. 深井回灌式地下水热源热泵

图6.4为深井回灌的水源热泵系统的基本原理。地下水从深井1中抽出进入板式热交换器2，与楼内循环水系统的水换热后，再通过深井2排到地下。循环水系统经住宅楼内管网送入各住

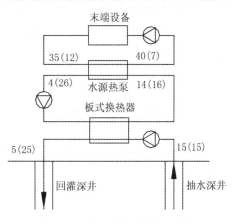

图6.4　深井回灌水源热泵系统

户，经各住户的水源热泵，产生热水（冬季）或冷水（夏季）送入末端装置，满足供热或空调的要求。

图6.4中同时标出设计工况下各处冬季（夏季）的温度。从图中可看出，这种方式在冬季是间接地利用地下水作为媒介，取地下深层砂、石的热量作为各户热泵的热源向户内供热，相当于蓄存了冷量；而在夏季则通过地下水作为媒介，以它作为各户热泵的冷却水，同时将建筑物产生的热量排入地下。这样冬季从地下取热存冷，夏季取冷存热，若建筑物冬季供热量与夏季供冷量差不多，则一年内地下基本热平衡，不会造成地下的热污染。同时，由于冬季地下水温度远比室外空气温度高，因此冬季热泵效率比空气热源热泵高，并且不存在结露等问题。夏季则以16~26℃的地下水为制冷机的冷却水，可以得到很高的制冷效率，甚至在某些情况下可直接用此水作为冷源进行空调，而不用开启水源热泵。由于地下水通过换热器3换热后排回地下，仅仅利用了地下的冷（热量），而不消耗一滴水资源，地下水的整个流程都不与空气接触，因此也不会造成地下水资源的污染。因此，深井回灌水源热泵方式是节约能源、保护环境、节约用水，且能同时满足冬季供热和夏季供冷要求的方式。

由于向地下回灌比取水更困难，因此，可行的方案为打三口井，一口取水，两口回灌。同时，定期交换，使每口井都轮流工作于取水和回灌两种状态，这样相当于定期"洗井"，可以使深井长期高效、可靠地工作。三口井可以布置成等边三角形，井间距可以根据冷热量的需求、井的深度通过计算确定。这种方案比较适用于多层住宅区，每个用户可以单独控制。用户的方案可以采用每户一台水—水热泵作为冷热源、各个空调房间采用水—空气式末端换热设备，也可以各个空调房间设水—空气热泵机组。为减小循环水泵的电耗，应尽量增大与井水换热的循环水的温差，以减小循环流量。

深井回灌的水源热泵系统应用需要特别注意的是，地下水的抽取与回灌要确保不改变地层的水文地质状况，特别是要做到有效的回灌。目前，采用这种方式的一些基础设计参数，比如，单位井深的换热量、适宜的井间距与水流量等，还没有可靠的数据。

6.3.2 水源热泵系统节能评价指标

《水源热泵机组建筑工程产品节能认证技术规范》规定的EER及COP的节能评价值，见表6.2和6.3。

表6.2 冷热风型水源热泵机组节能评价值

名义制冷量 Q（kW）	制冷能效比 EER			供热性能系数 COP		
	水环式	地下水式	地下环路式	水环式	地下水式	地下环路式
$Q \leqslant 14$	3.84	4.80	4.68	4.20	3.72	3.18
$14 < Q \leqslant 28$	3.90	4.86	4.74	4.26	3.78	3.24
$28 < Q \leqslant 50$	3.96	4.92	4.80	4.32	3.84	3.30
$50 < Q \leqslant 80$	4.02	4.98	4.86	4.38	3.90	3.36
$80 < Q \leqslant 100$	4.08	5.04	4.92	4.44	3.96	3.42
$Q > 100$	4.14	5.10	4.98	4.50	4.02	3.48

表6.3 冷热水型水源热泵机组节能评价值

名义制冷量 Q（kW）	制冷能效比 EER			供热性能系数 COP		
	水环式	地下水式	地下环路式	水环式	地下水式	地下环路式
$Q \leqslant 14$	4.08	5.10	4.92	4.44	3.90	3.36
$14 < Q \leqslant 28$	4.14	5.22	5.04	4.56	4.02	3.48
$28 < Q \leqslant 50$	4.20	5.16	4.98	4.50	3.96	3.42
$50 < Q \leqslant 80$	4.26	5.28	5.10	4.62	4.08	3.54
$80 < Q \leqslant 100$	4.32	5.34	5.16	4.68	4.14	3.60
$100 < Q \leqslant 150$	4.38	5.40	5.22	4.74	4.20	3.66
$150 < Q \leqslant 230$	4.44	5.46	5.28	4.80	4.26	3.72
$Q > 230$	4.50	5.52	5.34	4.86	4.32	3.78

　　水源热泵空调系统适用于冬季不太冷又需供暖的地区，在温暖的冬季白天，往往向阳房间需供冷而背阳房间需供暖；也适用于冬季核心区内热负荷较大的商场与办公楼，可利用内部发热来抵销周边区的热损失；要求各用户能单独计量电费的空调系统。对于旧建筑改造工程，采用水源热泵空调系统影响较小，而且周期短、速度快，较为适用。从建筑物功能上来看，功能分区较多，隶属于不同业主的综合楼，其各层或各区功能都不同（如商场、办公、公寓或酒店等合在一起的综合楼），因而对空调的使用时间和温湿度要求都不尽相同，在这种情况下采用水源热泵空调系统就比较合适。新建的超高层建筑，为避免低层区设备及管道阀件承压过大和能量二次交换损失过大。可在低层区采用集中空调系统，而在高层区采用水源热泵空调系统。另外，建筑物少量区域需要24小

时供应空调或下班后和节假日仍经常需要空调的地方，可单独使用水源热泵空调系统。图6.5是不同冷热源方式运行费用的比较。

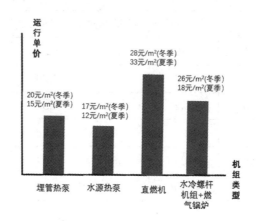

图6.5　不同冷热源方式运行费用的比较

综合上述考虑，水源热泵空调系统作为一种既可以集中又便于分散的空调系统其优点很多。但是对某一幢具体建筑物采用中央空调系统还是水源热泵空调系统，也应从节能和经济两方面进行具体分析而定。

 案例 – 三个地表水源热泵应用项目

6.4　土壤源热泵系统的运行调节

6.4.1　土壤源热泵系统概述

土壤源热泵系统是一种利用地下浅层地热资源（土壤）的高效节能的空调系统，它利用地下常温土壤温度全年相对稳定的特性，通过将管路系统（垂直管或水平管）埋入地下的方式，冬季从土壤中取热，向建筑物供暖；夏季向土壤排热，为建筑物供冷。该系统将土壤作为冷热源，通过热泵机组向建筑物供暖或供冷，土壤源热泵通过输入少量的高品位能源（如电能），实现低品位能向高品位能的转移。热泵机组的能量流动是利用其所消耗的高品位能（如电能）将吸取的全部热能（即电能+吸收的热能）一起排输至高温热源，而其所耗能量的作用是在冬季吸收低品热源（土壤）中的热能、在夏季向高品位热源（土壤）释放热量。土壤源热泵空调系统的工作原理如图6.6所示。

　　土壤源热泵空调系统利用的是地热，节能环保，系统运行可靠，受季节变化的影响不大。由于土壤源热泵系统冬夏季采用的是同一套系统，而建筑的冷热负荷存在差距，在冷热负荷不平衡的情况下，需要考虑平衡土壤总的吸排热量。当热负荷小于冷负荷时，可以增设冷却塔来平衡土壤的热堆积；当热负荷大于冷负荷时，可以增设辅助锅炉等热源设备。

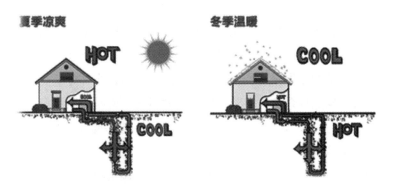

图6.6　土壤源热泵空调系统示意图

6.4.2　土壤源热泵系统运行调节

　　土壤源热泵系统主要由三部分组成：地埋管换热循环系统、热泵机组和空调循环水系统，其系统原理图如图6.7所示。

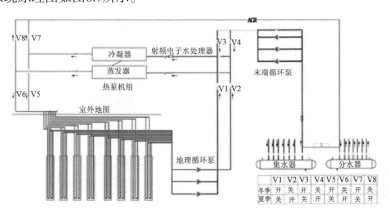

图6.7　土壤源热泵系统原理图

　　系统运行分夏季工况和冬季工况，通过控制阀门的开关来改变运行工况。在夏季，土壤换热循环系统与热泵机组的冷凝器换热，空调循环水系统与热泵机组蒸发器换热；

在冬季，土壤换热循环系统与热泵机组的蒸发器换热，空调循环水系统与热泵机组的冷凝器换热。

针对地埋管换热循环系统的运行调节：

运行阶段需要注意地埋管系统内流体流速，因为在实际项目运行过程中，机组大部分时间是在部分负荷状态下运行的，如果只有部分地埋管循环泵运行，但运行全部的地源孔，势必会造成地埋管内流体流速小于设计流速，这会导致地源孔的散热量降低。所以在实际运行过程中，要注意控制地源侧流速，在部分地源侧循环泵停运的同时将相应的地源孔埋管阀门关闭，并调节系统的水力平衡性。

目前土壤源热泵机组自带的控制系统已较为完善，可以利用自控系统对输入主机的功率进行调节，在实际运行过程中，针对热泵机组的调节，主要有以下两种方式：

（1）以实际的负荷为依据来对机组运行台数进行调节，当部分负荷运行时，选择合理的运行机组台数，确保热泵机组在负荷区中高效运行，同时需要注意主机的开启台数与循环泵的开启台数应一致，并且应关闭未开启主机的进口阀门，避免因循环水无效旁通而导致水流量不足，换热能力下降。

（2）设定回水温度进行调节。一般情况下，根据空调系统末端的设备类型对热泵机组的回水温度进行设定，回水温度一旦设定，就会按这个设定值长期运行，在实际运行过程中，应该结合负荷变化情况对机组的回水温度进行实时的调整，提高系统末端的供回水温差。

在对主机进行运行调节时注意避免频繁地启停主机。

由于地源热泵系统地埋管的敷设面积往往较大，在设计时，为了保证系统能够正常的运行，地源侧循环泵的选型扬程一般过大，在实际运行过程中，水泵运行偏离工况点也是系统运行常见的问题。针对循环水泵的运行调节主要是通过调节管路的阀门来保证水泵处于高效运行工况点。在地源侧循环水泵的运行中，应对相应地埋管阀门加以关闭，使地源侧系统不发生太大的水力特性改变，进而保障地源侧循环泵在工况点高效运行。水泵应安装变频器，能够对水泵扬程和流量进行调节。

案例 – 土壤源热泵系统
全年运行测试

6.5 太阳能热水系统的运行调节

6.5.1 太阳能热水系统概述

太阳能热水系统是利用太阳能集热器收集太阳辐射能将水加热的装置，通常包括太阳能集热器、贮水箱、泵、连接管道、支架、控制系统和必要时使用的辅助能源。

太阳能热水系统按照供热水范围可以分为：集中供热水系统、集中-分散供热水系统和分散供热水系统三类。集中供热水系统是指采用集中的太阳能集热器和集中的贮水箱供给一幢或几幢建筑物所需热水的系统；集中-分散供热水系统是指采用集中的太阳能集热器和分散的贮水箱供给一幢建筑物所需热水的系统；分散供热水系统是指采用分散的太阳能集热器和分散的贮水箱供给各个用户所需热水的小型系统，也就是通常所说的家用太阳能热水器。

太阳能热水系统按照运行方式可以分为：自然循环系统、强制循环系统和直流式系统。自然循环系统是仅利用传热工质内部的温度梯度产生的密度差进行循环的太阳能热水系统，在自然循环系统中，为了保证必要的热虹吸压头，贮水箱的下循环管应高于集热器的上循环管。这种系统结构简单，不需要附加动力。强制循环系统是利用机械设备等外部动力迫使传热工质通过集热器（或换热器）进行循环的太阳能热水系统。直流式系统是传热工质一次流过集热器加热后，进入贮水箱或用热水处的非循环太阳能热水系统，直流式系统通常也可称为定温放水系统。

太阳能热水系统按照生活热水与集热器内传热工质的关系，可以分为：直接系统和间接系统。直接系统又称为单回路系统或单循环系统，是指在太阳能集热器中直接加热水给用户的太阳能热水系统。间接系统又称为双回路系统或双循环系统，是指在太阳能集热器中加热某种传热工质，再使该传热工质通过换热器加热水给用户的太阳能热水系统。

6.5.2 太阳能热水系统运行调节

由于太阳能属于不稳定、低密度的热源，为了保证民用建筑的太阳能热水系统可以全天候运行，通常将太阳能热水系统与使用辅助能源的加热设备联合使用，共同构成带辅助能源的太阳能热水系统。太阳能热水系统若按辅助能源加热设备的安装位置分类，可分为：内置加热系统和外置加热系统两大类。内置加热系统，是指辅助能源加热设备安装在太阳能热水系统的贮水箱内。外置加热系统，是指辅助能源加热设备不是安装在贮水箱内，而是安装在太阳能热水系统的贮水箱附近或安装在供热水管路（包括主管、干管和支管）上。所以，外置加热系统又可分为：贮水箱加热系统、主管加热系统、干管加热系统和支管加热系统等。

太阳能热水系统的运行调节一般采用以下方法：强制循环系统通常采用温差控制、光电控制及定时器控制等方式；直流式系统一般可采用非电控温控阀控制方式及温控器控制方式；直流式系统的温控器带有水满自锁功能；集热器用传感器能承受集热器的最高空晒温度，精度为±2℃；贮水箱用传感器能承受100℃，精度为±2℃。

太阳能热水系统有时是一种复合系统，即将上述几种运行方式组合在一起的系统，如图6.8所示为常用的由强制循环、定温放水与内置加热系统组合而成的复合系统。

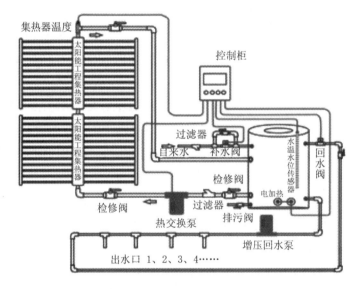

图6.8　太阳能热水系统（内置加热设备的强制循环式定温放水系统）原理图

此外，内置加热系统必须带有保证使用安全的装置，并根据不同地区采取防冻、防结露、防过热、防雷、抗雹、抗风、抗震等控制措施。以图6.8所示的常用系统为例，其控制系统包括补水控制、温差循环控制、恒温供水控制。其中，补水控制由安装在水箱内的水位传感器信号控制，当集热水箱内的水位低于设定值时，开启补水阀，水位达到设定值时关闭。

集热器循环泵由设置在集热器出水干管和循环泵吸水管上的温度传感器之间的温差来控制，一般设置当温差大于或等于5℃（在寒冷地区，冬季考虑防冻问题，可以适当提高温差设定值，但要小于10℃）时启动泵，温差小于2℃时停泵。

目前辅助加热装置常用的启停控制方式有两种：

一是太阳能集热器和辅助热源联合对贮热水箱加热，此时辅助热源可采用定水位定温度控制启停，贮热水箱的辅助热源加热的设定温度为40℃，即当贮热水箱内水温低于40℃时，辅助电加热开启，当贮热水箱内水温达到55℃时，辅助电加热停止。

二是太阳能热水系统分别设置贮热水箱和供热水箱，其中太阳能集热系统对贮热水箱进行预热，预热后的水进入供热水箱，再通过辅助加热设备对供热水箱进行二次加热，此时辅助加热设备采用定温方式控制启停。双水箱系统辅助热源根据供热水箱上的温度传感器控制启停，温度值宜设置为55~60℃（考虑安全、卫生、节能、防垢等因素后的适宜的热水供水温度），水温低于设定值时，开启辅助热源，水温高于设定值时，关闭辅助热源。

案例 – 空气源热泵 – 太阳能
复合空调及热水系统应用

6.6 建筑蓄能系统运行调节

蓄能技术包括显热蓄能和潜热蓄能两种方式。按空调系统运行工况不同，有蓄冷和蓄热两种类型。本节主要介绍蓄冷空调技术。

6.6.1 空调蓄冷技术概述

按蓄能介质不同有水蓄能系统、冰蓄能系统、共晶盐蓄冷系统和热化学蓄能系统等。水蓄能系统是显热蓄能，具有投资少、系统简单、维修方便、技术要求低的特点，但蓄能温差小、密度低、储存能量少。冰蓄冷系统是潜热蓄能，具有单位质量能量密度远高于水蓄冷的优点，但具有在–8℃以下冰蓄冷制冷系统的制冷量降低40%等缺点。

蓄冷空调系统可以全负荷蓄冷，也可以部分负荷蓄冷。蓄冷系统主机运行模式有：制冷主机单独供冷；蓄冷装置单独释冷供冷；制冷机组与蓄冷装置联合供冷三类。

6.6.2 全负荷蓄冷与部分负荷蓄冷

图6.9中A部分为某建筑物设计日的空调负荷图，如果不采用蓄冷系统，制冷机组的

制冷量应满足瞬时最大负荷q_{max}。当采用蓄冷系统时，有两种策略，即全负荷蓄冷与部分负荷蓄冷。全负荷蓄冷将高峰期的负荷全部转移到低谷时段。如图中所示，将制冷机组在低谷时段的制冷量蓄存起来供电力高峰时段使用，高峰时段停止运行，图中B与C的面积总和等于A。如果低谷时段时间较短，则制冷机组的容量要求就会比较大，但转移的高峰负荷最多。图6.10为部分负荷蓄冷概念图，在电力高峰时段，制冷机组仍然运行，不足部分由低谷时段的蓄冷量来满足，即只将部分负荷转移到了低谷时段。在图中，A_2的面积等于B与C之和。采用部分负荷蓄冷策略，相当于一个工作日的负荷被制冷机组均摊在全天来承担，所以其容量最小，可以节约这方面的初投资。实际工程中采用这种策略的较多。

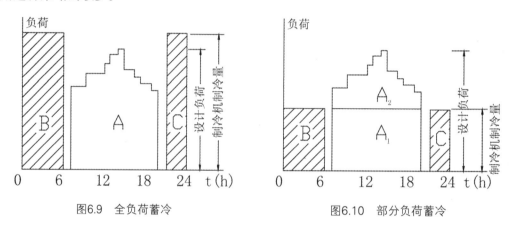

图6.9　全负荷蓄冷　　　　　　　　　图6.10　部分负荷蓄冷

6.6.3　冰蓄冷系统流程配置、运行模式及控制策略

1. 冰蓄冷系统流程配置与运行模式

冰蓄冷系统的制冷主机和蓄冷装置所组成的管道系统，按制冷机组与蓄冷装置的相对位置不同，基本可分为并联系统和串联系统。由于夜间是蓄冷时间，制冷机需要产生用于蓄冰的0℃以下的低温液体，如果同时有空调供冷要求，则需将0℃以下的载冷液经换热器供出约7℃的空调用冷水，这样，制冷系统运行效率低。为了提高运行经济性，应设基载冷水机组，直接供应7℃左右的冷水。若夜间建筑所需供冷很少，则不必设置基载机组，而由蓄冰用低温载冷液负责供冷。

（1）并联系统及其运行模式。图6.11为并联系统流程原理。全系统由两部分组成，一部分为空调冷冻水系统，介质为水；另一部分为乙烯乙二醇水溶液系统（图中点画线框内部分），可进行蓄冷或供冷。乙烯乙二醇水溶液系统由制冷主机、蓄冰槽、板式换热器、泵和阀门等组成。调节阀门可以使系统有不同的运行模式。

①蓄冰运行。阀门V_1、V_2、V_4关闭，开启阀门V_3、V_5，制冷机组向蓄冰槽供应低温

乙烯乙二醇水溶液，使蓄冰槽中的蓄冷介质冻结。蓄冷过程乙烯乙二醇水溶液温度不断降低。

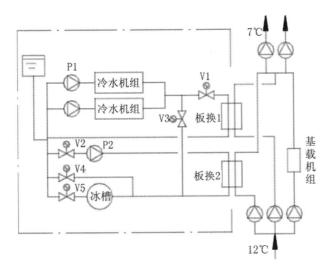

图6.11　并联蓄冰系统

②制冷主机单独供冷。除阀门V_1开启以外，其余阀门全部关闭，将来自制冷机组的温度较低的乙烯乙二醇水溶液供至板式换热器1，以产生空调用冷冻水。为了提高运行效率，应尽量减少板式换热器的传热温差，一般取1~2℃。当空调冷负荷减少时，可采用台数控制，或调节制冷主机的供冷能力。

③蓄冰槽单独供冷。关闭阀门V_1和V_3，将阀门V_2、V_4、V_5开启。并启动蓄冰槽泵P_2，从蓄冰槽融冰取冷，通过板式换热器2，冷却空调用水。根据空调供水或回水温度，调节阀门V_4和V_5，控制蓄冷槽融冰取冷量。

④制冷机组与蓄冰槽联合供冷。启动泵P_1和P_2，关闭阀门V_3，即可使制冷机组与蓄冰槽联合供冷。至于联合供冷时是以制冷主机为主还是以蓄冰槽为主，则需根据采用的控制策略决定。如果以主机为主，当制冷主机满载运行仍不能满足用户所需冷量，则调节阀门V_4和V_5从蓄冰槽取出一定冷量，以保证需要。如果以蓄冰槽取冷为主，则应关闭阀门V_4、开启阀门V_5，使蓄冰槽融冰取冷量为最大，同时，调节制冷机组供冷能力以补充不足。

图6.12是另一种型式的并联系统，适用于采用封装式蓄冰罐的冰蓄冷系统。该系统为二次泵系统。由于封装式蓄冰罐的流动阻力比较小，所以，不另设蓄冰罐泵。利用二次泵P_2，夜间蓄冷期可同时供冷，但需调节阀门V_1、V_3，以保证板式换热器乙烯乙二醇水溶液的供水温度大于0℃。如果夜间需要供冷，而需用量很小，另设夜间供冷泵P_3和阀门V_5、V_6。开启泵P_3，调节阀门V_5和V_6，既可控制所需冷量，又不使供至板式换热器

的乙烯乙二醇水溶液温度低于0℃，以防冻结。

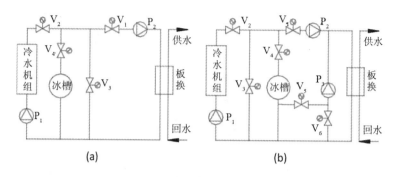

6.12　另一种形式的并联蓄冰系统

（2）串联系统及其运行模式。图6.13为串联系统典型流程图。图中点画线框内部分为乙烯乙二醇水溶液系统，由乙烯乙二醇水溶液制冷主机、蓄冰槽、板式换热器、泵及阀门等串联组成；利用温度比较低的乙烯乙二醇水溶液通过板式换热器冷却空调用水。对于串联系统来说，制冷主机可位于蓄冰槽上游，此时制冷主机出水温度较高，蓄冰槽进出水温度较低，因此，制冷主机效率高、电耗较小，而融冰温差小，取冰效率较低。如果制冷机组位于冰槽下游，则情况正好相反。一般多采用"主机上游"布置方式。

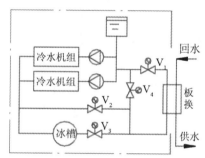

图6.13　串联蓄冰系统

串联系统与并联系统一样，除蓄冰工况以外，也可以制冷机组单独供冷、蓄冰槽单独供冷，或制冷机组与蓄冰槽联合供冷。

2. 蓄冷系统的运行控制

与常规空调系统不同，冰蓄冷空调系统可以通过制冷机组、蓄冷设备或者二者同时为建筑物供冷。用以确定在某一给定时刻，多少负荷是由制冷机组提供，多少负荷是由蓄冷设备供给，即为系统的运行策略。对于部分蓄冷式系统的运转策略主要是解决每时段制冷设备之间的供冷负荷分配问题。

部分负荷蓄冷系统的控制，除了保证蓄冷工况与供冷工况之间的转换操作以及空调供水或回水温度控制以外，主要应解决制冷主机和蓄冷装置之间的供冷负荷分配问题。

常用的控制策略有三种，即：制冷主机优先，蓄冷槽优先和优化控制。

（1）制冷主机优先。制冷主机优先就是尽量使制冷主机满负荷供冷。只有当空调冷负荷超过制冷主机的供冷能力时，方启用蓄冷槽，使其承担不足部分。这种控制策略实施简单，运行可靠。随着建筑物负荷的降低，蓄冷槽的使用率也越来越低。所以，这种方式不能有效地削减峰值用电而节约运行费用，只有在电费结构中以转移电功率节省电费为主导、峰谷电价差很小时才宜采用。

（2）蓄冷槽优先。蓄冷槽优先就是要尽量发挥蓄冷槽的供冷能力，只有在蓄冷槽不能完全满足空调负荷时，才启动制冷主机，以解决不足部分。这种控制策略如果不能解决好释冷量在时间上的分配问题，可能造成在某些时间段总的供冷能力不足。比如在工作日的前期大量使用融冰供冷而不开启制冷主机，将蓄冷量用完，当下午空调负荷高峰来临时，光靠制冷主机就满足不了空调负荷的需求。反之，又可能出现蓄冷量过剩的问题。所以实施颇为复杂，它需要对空调供冷负荷进行一定的预测，即预先知道用冷需求；其次，由于融冰时的释冷速率是变化的，而且受设备条件的限制，因此，采用这种控制方案还需要掌握融冰的变化特性。

（3）优化控制。优化控制就是根据电价政策，在满足用户使用要求的前提下，最大限度地发挥蓄冷槽作用，使用户支付的电费最少。也就是说，优化的目标函数是运行费用，给出具体的建筑物负荷、蓄冰设备容量及特性、制冷设备容量及特性、当地电价结构等约束条件，运用最优化方法，得出各时刻制冷机组及蓄冷设备应负担的负荷，并据此进一步得出各机组、蓄冰设备及管路中的阀门的启停状态或调节位置。这种控制策略对于非典型设计日具有较大的经济性。根据资料介绍，在对美国圣地亚哥的一栋9200m²的建筑物的蓄冰系统进行分析后，发现采用优化控制策略比采用制冷机优先控制策略，节省运行电费42%。

此外，还有负荷控制式（限制负荷式）和均衡负荷式。简单地说，负荷控制式就是在电力负荷不足的时段，对制冷机组的供冷量加以限制的一种控制方法，通常这种方法是受电力负荷限制时才采用，超过制冷机组供冷量的负荷可由蓄冷设备负责。均衡负荷式是指在部分蓄冷系统中，制冷机组在设计日24小时内基本上全部满负荷运行；在夜间满载蓄冷，当日制冷机组产冷量大于空调冷负荷时，将满足冷负荷所剩余的冷量（用冰的形式）储存起来；当空调冷负荷大于制冷机组的制冷量时，不足的部分由蓄冷设备（融冰）来完成。这种方式系统的初投资最小，制冷机组的利用率最高。

对于蓄冷空调来说，无论是哪种运行模式，共同的问题是冷负荷预测。无论是哪种蓄冷系统，都需要预测出今后一段时间内系统的总冷负荷以及各时间段内的冷负荷，这样才可以规划当时的运行模式，以获得最好的经济效益。在夜间，需要预测第二天可能的冷负荷，以便根据第二天的需要蓄存适量的冷量。如果蓄冷量大于第二天需要量，则多余的冷量积存只能降低系统效率并增加了蓄冷损失。反之，如果蓄存的冷量小于第二天的需要量，就会导致在电力高峰期开动冷机，减弱了蓄冷的效果。同样，在白天运行期，如果能够较准确地预测出当天至夜间蓄冷前各时刻的冷量，则可以合理地判断是使用蓄冷冷量还是当时制冷或是蓄冷与制冷同时运行，从而使蓄存冷量充分发挥减少高峰电负荷的作用，使冷机工作在较高的效率范围内，并且不至于出现到晚高峰时蓄冷量用尽而制冷量又不足的现象。

较准确地预测出第二天全天的耗冷总量，就可以根据系统的装机容量，确定当日夜间最适合的蓄冷量，既能保证第二天用电高峰期空调系统的需求，又能保证第二天能用光蓄存的冷量。

6.6.4 利用消防水池蓄冷的水蓄冷空调

水蓄冷是指利用水的显热温差进行冷量的蓄存。与水的凝固热相比较，当温差为5℃时，单位质量的水的显热蓄冷量约为21kJ/kg，只有凝固热的1/16。所以，与冰蓄冷相比，水蓄冷需要较大容积的蓄冷水池，这一缺点使得在实际工程中它无法与冰蓄冷相竞争。但它在蓄冷时制冷主机的工况与常规空调一致，特别是当建筑物设有消防水池时，利用消防水池做蓄冷水池，采用水蓄冷方式就比较合理。对新建系统，可以减小主机的容量；对于已建成的常规系统，可以在不增加太多投资的条件下将其改造成水蓄冷系统。

1. 蓄冷水池的蓄冷效率

蓄冷效率是指在设计工作日，从蓄冷水池中取出的冷量即有效用冷量与蓄冷水池的理论蓄冷量的比值。理论蓄冷量Q_{max}（kJ）是蓄冷水池的体积、设计蓄冷温差以及水的比热三者的乘积。即：

$$Q_{max} = 4186V \cdot \triangle T_2 \qquad (6-1)$$

式中，V为蓄冷池容积，m³；$\triangle T_2$为设计蓄冷温差，即蓄冷水供冷时的设计供回水温度，℃。有效用冷量Q_e（kJ）指在一个运行周期（T）内蓄冷水实际为用户提供的冷量：

$$Q_e = 4.18 \int_T G(\tau) \cdot \Delta T_2(\tau) d\tau \qquad (6-2)$$

式中，$G(\tau)$为蓄冷水供水瞬时流量，kg/s。

则蓄冷效率：

$$\eta = Q_e / Q_{max} \qquad (6-3)$$

可见，蓄冷效率事实上是蓄冷水池的容积效率，它反映了对蓄冷水池的利用程度。

当需要的蓄冷量一定时，蓄冷效率越高，蓄冷水池的容积可以越小；在蓄冷水供冷时的空调供回水实际温差越大，蓄冷效率就越高。

2. 蓄冷水池的实际应用型式

在实际工程中，为了尽可能发挥水池的作用，常采用各种手段来减小进入水池的水与水池中原有的水的混合，主要应用形式有连接完全混合式、连接压出式、空池替换式、可动隔膜式和温度分层式等，其中温度分层式是目前应用得较多的一种。水池中的水按照密度自然地进行分层，温度高的水密度小，位于水池上方；温度低的水密度大，位于下方。在充冷或释冷过程中控制水流缓慢地自下而上或自上而下地流动，使整个过程在水池内形成稳定的温度分布。采用温度分层的水蓄冷方式，关键是在水池的冷温水进出口处设置稳流器，使水以重力流或活塞流平稳地流入水池中，按不同的温度下相应的密度差异依次分层，形成并维持一个使冷温水混合尽可能小的斜温层，从而使水池具有较高的蓄冷效率。

3. 增大蓄冷水池蓄冷能力的技术途径

蓄冷水池的蓄冷能力应由从蓄冷水池中提取的有效利用冷量来表征。综合上面的各关系式，蓄冷水池的有效利用冷量 H（kJ）可以用下式表示：

$$H=\rho C_p V \triangle t_2 \eta \qquad (6\text{-}4)$$

式中：ρ 为水的密度，kg/m³；C_p 为水的定压比热，kJ/kg·℃；V 为蓄冷水池的容积，m³；$\triangle t_2$ 为空调供回水设计温差，℃；η 为蓄冷效率。

从上式可以看出，ρ、C_p 是定值，有效利用冷量 H 与 V、$\triangle t_2$、η 成正比。对于一栋现有的建筑物中设置的消防水池，其容积是固定的。所以，要增大水池的蓄冷能力就必须尽可能提高二次侧利用温度差 $\triangle t_2$ 和蓄冷效率 η。

（1）提高空调供回水温差。提高空调供回水温差可使消防水池的蓄冷能力成正比地增长。冷水机组的进出口温差一般为5℃（7~12℃），一般常规空调系统的用户侧采用与冷水机组相同的设计进出口温度。当蓄冷水供冷时，如果保持用户侧的冷冻水进口温度不变，减小冷冻水循环流量，提高其出口温度，使二次侧利用温度差由5℃提高至8℃，则消防水池的蓄冷能力将增大60%，增长量是相当可观的。同时，由于二次侧循环流量减少，循环泵的运行能耗将随之减小。此外，增大空调供回水温差还将有助于增强温度分层的效果。

（2）提高蓄冷效率。提高蓄冷效率需要减轻以下因素的影响：

①减小传热引起的冷损失。蓄冷水池的冷损失与池中水的平均温度和周围环境的平均温度之差成正比。有资料介绍了一个容积为474m³的蓄冷水贮槽的冷损失相对全部蓄冷量所占的比例，两次实测的数据分别为2.5%和2.0%，可见，这个冷损失是非常小的。

特别是底板和侧壁的冷损失占全部蓄冷量的比例仅为0.2%和0.1%。所以，在将消防水池改造成蓄冷水池时可以只对顶板进行保温处理，以防结露。而通过侧壁和底部的冷损失，在供冷季运行初期会有一定影响，但在连续运行期间，蓄冷水池四周的土壤事实上起到了蓄冷的作用，通过它们损失的冷量微乎其微。

②减少进入蓄冷水池中的水与池中原有的水相互混合及死域。对于温度分层型蓄冷水池，如果设计合理，蓄冷效率可达85%~95%。有人对冷水射流从侧壁底部进入初始为温水的蓄冷水池以及温水射流从侧壁顶部进入初始为冷水的蓄冷水池的情况进行了数值模拟，并与实验结果进行了比较，数值模拟结果与实验结果吻合得很好。研究表明，当进口阿基米德数Ar数大于5、雷诺数Re小于1000，水池的高度大于20倍、宽度大于10倍进口管径时，可在蓄冷水池中形成良好的温度分层。阿基米德数Ar越大、雷诺数Re越小，效果越好。射流方式实现起来是比较困难，但其结论为我们指明了如何使蓄冷水池更好地形成温度分层。在设计时，尽量增大进出水口的面积以降低流速；在运行时，尽量增大空调供回水温度差、减少进出水的流量，都可以达到减小Re数和增大Ar数的目的。在布置进出水管时，还应尽量减少水池中水流无法达到的"死域"。

4. 水蓄冷空调系统运行方案

水蓄冷空调系统与常规空调水系统的最大区别就是，冷冻水的流程如果要经过蓄冷水池，则为开式系统，循环水泵需要克服系统最高点与蓄冷水池水面之间的高程差，从而增加了能耗。一种方案是蓄冷水池与水系统的所有联系都通过一个板式换热器进行，蓄冷水池、板式换热器、水泵构成一个环路，如图6.14。这时应注意供冷与蓄冷时水池进出水的流向。不管是对水池充冷、还是蓄冷水供冷，都需经过板式换热器的热交换。采用这种方案，蒸发器、用户系统中的水质有保障。

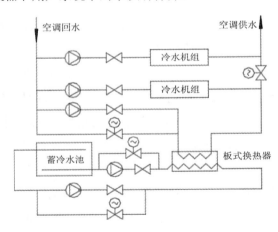

图6.14　采用板式换热器连接的系统方案

采用换热器时，蓄冷与供冷时要经过两次间接换热，传热温差使得蓄冷水的实际利用温差减小，降低了水池的蓄冷能力。若在系统利用型式与运行方案上采取措施，也可以不用换热器。比如，一方面，可以只将蓄冷水用于水系统中某些独立的供冷环路，从而将高差的影响局限在较小的范围；其二，因蓄冷水的释冷速率不受限制，可以利用蓄冷水集中在某一个时段供冷，比如空调负荷的高峰，这种策略将高差的影响局限在较短的时间内。在实际工程中，应根据建筑物的情况、负荷分布特点、新建工程还是改建工程等仔细考虑。

案例 – 水蓄能系统调适与运
行控制

6.7 水环热泵系统的节能运行

水环热泵（Water Loop Heat Pump）系统于20世纪60年代出现在美国的加利福尼亚，故也称加利福尼亚系统。水环热泵空调系统是指用水环路将小型的水/空气热泵机组并联在一起，构成一个以回收建筑物内部余热为主要特点的热泵供暖、供冷的空调系统。与普通空调系统相比，水环热泵空调系统具有建筑物余热回收、节省冷热源设备和机房、便于分户计量、便于安装和管理等特点。实际设计中，应进行供冷、供热需求的平衡计算，以确定是否设置辅助热源或冷源及其容量，其系统组成如图6.15所示。这种水

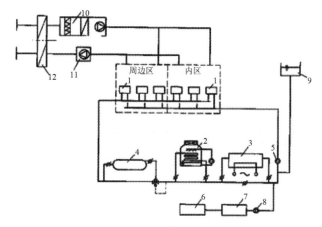

图6.15 水环热泵空调系统原理图
1–水/空气热泵机组；2–闭式冷却塔；3–加热设备（如燃油、气、电锅炉）；4–蓄热容器；
5–水环路的循环水泵；6–水处理装置；7–补给水水箱；8–补给水泵；9–定压装置；10–新风机组；
11–排风机组；12–热回收装置

环热泵系统可看作是一种热回收的系统，可以节省可观的能量，对于有多余热量或较大面积中间区域的建筑物，可以回收其余热，以提高系统运行的经济性。

2.水环热泵系统组成及其在不同季节的运行情况

水环热泵空调系统在不同季节下按不同的工况运行，如图6.16所示。图6.16（a）所示是夏季的运行情况，此时所有的房间都需要制冷，由热泵空调机放给循环水的热量必须由冷却塔散出，使水环路的水温保持在32℃以下。图6.16（b）是空调系统在冬季的运行情况，此时建筑物的所有房间都需要供暖，这时分散安装于各房间的热泵空调机从循环水中吸收热量，而这些热量都必须用加热装置补给。图6.16（c）是空调系统在春秋季时的运行情况，此时水源热泵空调机有40%制冷60%制热，水循环系统接近于热平衡，无需开动加热设备或冷却塔，在系统中的水温保持在13~32℃之间。图6.16（d）所示是建筑物内区由于灯光、人体和设备的散热量，使这些房间全年需要空调机制冷。而周边房间在冬季时需要空调机制热，此时可利用内区房间放出的热量给循环水，而由循环水释放给周边房间，其不足部分可开动水系统中的加热设备加以补充。

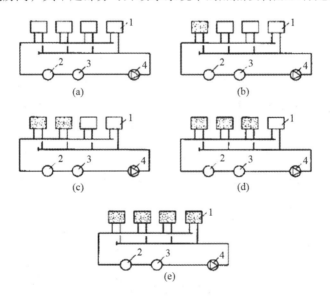

图6.16　运行工况
（a）冷却塔全部运行；（b）冷却塔部分运行；（c）热收支平衡；
（d）辅助热源部分运行；（e）辅助热源全部运行
1-水/空气热泵机组；2-冷却塔；3-辅助热源；4-循环泵
▨ 机组供暖；　　□ 机组供冷

3.水环热泵空调系统的特点

水环热泵空调系统的主要优点有：水源热泵机组具有比空气-空气热泵机组更高的效率，可降低电耗；水源热泵机组可与用户的单独电表连接，用户自己负担自己空调机的电费；对同时供冷和供热时可实现系统的内部能量平衡，减少了冷却塔和加热设备的运行时间，达到节能的目的；水源热泵系统较传统的中央空调系统经济，无集中的制冷机房、锅炉或空调箱房，减小了设备间的面积，所需的风管少，并减少了楼层高度，无保温的循环水管系统，减少了材料费用，投资成本低；此外，水源热泵机组具有应用灵活、安装简单、控制方便的优点。

与集中空调系统或空气源热泵空调机相比的缺点为：制冷量10kW的水环热泵空调机组由于机组内压缩机的功率较大，因而机组噪声较大，所以在设计和安装时要考虑一些降低噪声的措施；利用新风比较麻烦，对于要求较高的房间，如空气净化、加湿等有要求的房间，附加措施就更为复杂；水源热泵空调机多数均为暗装，必须同建筑和室内装潢紧密配合，如空调机质量不好，会造成维护困难。

小型的水/空气热泵机组的性能系数不如大型的冷水机组，一般来说，小型的水/空气热泵机组制冷能效比EER为2.76~4.16，供热性能系数COP值为3.3~5.0。而螺杆式冷水机组制冷性能系数一般为4.88~5.25，有的可达5.45~5.74。离心式冷水机组一般为5.00~5.88，有的可高达6.76。

4. 水环热泵空调系统的加热与冷却装置

当热泵空调机在冬季使用时，尤其在气温较低而要求有一定供暖时间的地区，当水系统中的热量不足以维持水源热泵所规定的最低温度（一般为15℃）时，必须补充热量而使水温升高。加热装置的容量大小应视具体工程、具体地区而定。一般应先算出建筑物的热负荷，然后减去总的水源热泵空调机的输入功和回收冷凝热，最后乘以适当的同时使用系数，即可得出加热装置容量。通常使用的加热装置有电加热器、燃气加热器、燃油加热器、蒸汽加热器和太阳能集热器等。当水源热泵空调机在夏季使用时，要将冷凝热量排入循环水系统，根据标准，当水温超过32℃时，要开动水系统中的冷却装置将热量排入大气。现有两种冷却装置，一种是封闭式冷却塔，它与开启式冷却塔不同，即冷却塔中通过喷淋降温的水与水源热泵空调系统中的循环水不互相接触，而是通过冷却塔中的换热器进行热交换。另一种冷却装置是开式冷却塔加板式换热器，目前应用得较多，对中大型工程比较合适，若单独使用开启式冷却塔，由于循环水经喷淋冷却后，灰尘和杂质混入水中容易引起热泵空调机的冷凝套管堵塞。

可以考虑利用太阳能作为辅助热源，并利用建筑物中的消防水池作蓄热水池，以解决太阳能的间歇性和不稳定性问题。这种方案可以弥补建筑物内部余热少的问题。在夏季，可以将多余的太阳能和余热用来加热生活热水。有资料对此种方案进行了分析，在冬季日照率较高的地区，节能效果明显。

本章小结

本章主要讲述可再生能源建筑应用种类，在理解建筑可再生能源应用特性基础上，分别对空气源热泵、土壤源热泵、水源热泵和太阳能热水系统的运行调节进行分析，同时介绍了蓄冷空调系统和水环热泵空调系统的工况调节内容与方法，并结合工程实际案例进行拓展训练。

达成评价

学习成果	自我评价
我熟悉了建筑可再生冷源运行能效评价	□ 很好 □ 较好 □ 一般 □ 较差 □ 很差
我明白了空气源热泵系统的运行调节方法	□ 很好 □ 较好 □ 一般 □ 较差 □ 很差
我初步掌握各种热泵系统的运行调节特性	□ 很好 □ 较好 □ 一般 □ 较差 □ 很差
我了解蓄冷系统和水环热泵系统的运行方法	□ 很好 □ 较好 □ 一般 □ 较差 □ 很差
我了解工程中可再生冷热源系统常见问题	□ 很好 □ 较好 □ 一般 □ 较差 □ 很差

习题与讨论

一、单选题

1. 以下属于太阳能建筑直接利用的形式是：

　　A. 太阳能热水供暖系统　　　　　　　　　B. 太阳能吸收式热泵

　　C. 光伏空调　　　　　　　　　　　　　　D. 太阳能溶液除湿系统

2. 以下建筑冷热源系统形式中不属于可再生冷热源的是：

　　A. 空气源热泵　　　　　　　　　　　　　B. 蒸汽吸收式冷热水机组

　　C. 光伏空调　　　　　　　　　　　　　　D. 地源热泵系统

3. 建筑中加大可再生能源应用的主要目的是：

　　A. 减少对建筑运行中传统能源的消耗。　　B. 可再生能源利用效率高

　　C. 可再生能源是清洁能源　　　　　　　　D. 可再生能源分布广

二、多选题

1. 太阳能热水系统一般包括以下基本组成部分：

　　A. 太阳能集热器　　　　　　　　　　　　B. 储水箱

C. 循环泵   D. 电控柜和管道

2. 以下关于太阳能建筑应用特性的说法，正确的有：

    A. 太阳能资源丰富，任何地方的建筑都可以充分利用。

    B. 空间上，太阳能资源分布不均，具有显著的地域性。

    C. 时间上，太阳能资源具有显著的季节性。

    D. 太阳能清洁环保，并且利用效率高。

3. 建筑可再生能源应用形式包括：

    A. 太阳能光热系统   B. 太阳能光电系统

    C. 自然采光系统   D. 燃气热水系统

三、判断题

1. 空气源热泵冷热水系统可以实现供暖、供生活热水和供冷三种功能。

2. 地源热泵是地热利用的一种形式，是将低位热能用热泵提升为高位热能加以利用。

3. 气候也是资源，空气源热泵也是可再生能源的应用形式。

4. 可再生能源是全社会免费资源，人们可以任意利用。

四、简答题

1. 为什么天气越冷，空气源热泵制热效果越差？

2. 冬季空气源热泵供热的热量来自哪里？

第7章 空调水系统节能运行

本章PPT

教学说明

  本章以建筑冷热水循环系统为对象，围绕输配系统关键设备水泵运行节能与系统控制策略，介绍建筑空调和供暖水系统的主要形式和运行调控方式，分别介绍一级泵系统和二级泵系统的运行调节方法；结合水系统调节阀、平衡阀等特性讲授系统运行管理中的水力平衡与热力平衡策略。结合项目案例和拓展资源开展教学实践，推荐课内讲授3~4学时。

学习目标

  （1）理解水泵运行节能的基本途径；
  （2）熟悉一级泵空调水系统的运行调节方法；
  （3）熟悉二级泵空调水系统的运行调节方法；
  （4）了解水系统常用的调节阀、平衡阀的特性。

🎓 导入语 ┈┈

  普通空调系统中以水为介质的冷（热）量输配系统，一般包括冷（热）水循环系统和冷却水系统，统称空调水系统。根据对大型公共建筑空调水系统的调查测试发现，冬季供暖水系统的供回水温差较好的情况为8~10℃，较差的情况只有3℃；夏季冷冻水系统的供回水温差较好的情况为3℃左右，较差的情况只有1~1.5℃；而循环水量一般是设计水量（或水泵额定流量）的1.5倍。空调水系统运行中普遍存在着大流量小温差带来的高能耗问题。按照实际负荷需求提供系统所需要的循环流量是降低水泵运行能耗的关键，主要措施包括两个方面，一是合理调节输送冷热量所需要的流量值；二是合理的阻力消耗，避免用水泵动力来克服改变流量的措施——如调节阀的阻力。

7.1 循环水泵的运行节能

7.1.1 水泵变频控制原理

  在水泵变速改造，特别是对多台水泵并联运行进行变速改造时，应根据管路特性曲线和水泵特性曲线，对不同状态下的水泵实际运行参数进行分析，确定合理的变速控制方案，保证水泵变速的节能效果。

循环水泵变频调速控制原理，是通过变频器改变电动机的供电频率，进而改变水泵的转速，见下式：

$$n = 60 f \frac{1-s}{m} \tag{7-1}$$

式中：n——转子转速，r/min；

　　60——换算系数，s/min；

　　f——电源频率，Hz；

　　s——定子与转子之间的转差率；

　　m——电动机绕组的极对数。

由式（7-1）可见，转数与频率成正比，改变频率就可以实现水泵调速。根据水泵的相似定律，若满足几何相似、动力相似和运动相似，则水泵的转速、流量、扬程和功率之间存在以下关系：

$$\frac{Q}{Q_m} = \frac{n}{n_m} \tag{7-2}$$

$$\frac{H}{H_m} = \left(\frac{n}{n_m}\right)^2 \tag{7-3}$$

$$\frac{N}{N_m} = \left(\frac{n}{n_m}\right)^3 \tag{7-4}$$

式（7-2）~（7-4）中：n 为水泵转速，r/min；Q 为水泵流量，m³/h；H 为水泵扬程，m；N 为水泵功率，kW。

把式（7-2）代入式（7-4）中，则有：

$$\frac{N}{N_m} = \left(\frac{Q}{Q_m}\right)^3 \tag{7-5}$$

上式表明，水泵所耗功率与流量的三次方成正比。水泵变频调速控制节能就是以此为理论依据。

空调水系统常用清水泵性能及能效评价可参考《清水离心泵能效限定值及节能评价值》（GB19762—2007）。

清水离心泵能效限定值及节
能评价值 GB19762-2005

7.1.2　水泵变速控制方法及其节能效果

1. 控制方法

当前应用较多的空调水泵变速调节方法有定压差控制、定末端压差控制、最小阻力控制和温差控制。

（1）定压差控制：控制供、回水干管压差保持恒定的控制方法称为定压差控制。供、回水干管压差不变时水泵提供的扬程保持恒定，故定压差控制又称为定扬程控制。此做法是根据冷热水循环泵前后的集水器和分水器的静压差，控制冷热水循环泵的转速，使此静压差始终稳定在设定值附近。

（2）定末端压差控制：控制末端（最不利）环路压差保持恒定的控制方法称为末端压差控制。此做法是根据空调水系统中处于最不利环路中空调设备前后的静压差，控制冷热水循环泵的转速，使此静压差始终稳定在设定值附近。

（3）最小阻力控制：最小阻力控制是根据空调冷热水循环系统中各空调设备的调节阀开度，控制冷热水循环泵的转速，使这些调解阀中至少有一个处于全开状态的控制方法。

（4）温差控制：控制供、回水干管水温差保持恒定的控制方法，称为温差控制。当负荷下降时，如流量保持不变，则回水温度下降，温差相应变小，要保持温差不变，可通过控制温差控制器、变频器来降低水泵转速，减少水流量，此时水泵能耗以转速三次方的关系递减。

2. 节能效果

图7.1是不同控制方式下水泵运行工况示意图。曲线A为采用定扬程控制水力特性曲线，水泵工作点扬程始终为H。曲线B为采用定末端压差控制水力特性曲线，H_1是末端环路要求保持的压差，当$Q=0$时，$\triangle H=H_1$。曲线C为采用最小阻力控制水力特性曲线，当$Q=0$时，$\triangle H=H_2$。曲线D是采用温差控制的水力特性曲线，此曲线即为空调水系统原有的管路特性曲线，当$Q=0$时，管路系统阻力$\triangle H=0$。

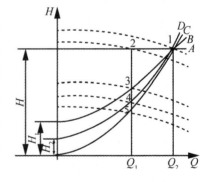

图7.1　变频控制方法比较

采用单一调节阀控制时，比较前述4种控制方法的节能效果。当流量从Q_0减小到Q_1时，定扬程控制的工作点从1定扬程移到2，定末端压差控制的工作点从1沿定末端压差控制水力特性曲线变扬程移到3，而最小阻力控制的工作点从1沿管路水力特性曲线变扬程移到4，温差控制从1移到5。在上述4种控制方案里，当流量调节到Q_1时，温差控制的冷热水循环泵转速最小，因此节能效果最显著。

流量从Q_0减小到Q_1时，采用上述4种控制方法，水管管路系统的静压损失（含调节阀全开阻力损失）是相同的。用定扬程控制，要保持冷热水循环泵的扬程不变，必须靠关小调节阀开度来增加调节阀阻力，调节阀的阻力损失为点2和点5间扬程差。用定末端压差控制，因为要保持最不利环路空调设备前后的静压差不变，也必须靠关小调节阀开度来增加调节阀阻力，以弥补由于流量减小而使空调设备的管路系统中静压差测量点之间的阻力损失减小，即点3和点5间扬程差。对于单一调节阀空调系统的最小阻力控制，其控制目标为尽量让这个调节阀始终处于全开状态，即用冷热水循环泵的转速控制来直接控制空调末端设备的流量。末端压差控制测量点之间的距离越大，最小阻力控制和定末端压差控制节能效益的差异也越大。因此最小阻力控制，只有在某些特定情况下，即所有末端设备负荷同比例减少，所有支管上的调节阀门一直处于全开状态，整个系统的管路阻抗S才可能保持不变，此时曲线C才能与曲线D重合，但这种情况在系统实际运行中不大可能出现。通过以上分析比较，可以发现温差控制节能效益最显著，其次是最小阻力控制，节能效益最差的是定扬程控制。

7.1.3　控制方法对比分析

在自控系统设计和构成方面，由于定扬程控制的测量目标非常明确，扬程设定值几乎与水泵选型无关，因此在实际工程压差传感器的选型、安装与检修等是非常方便的。这种方法是空调水系统冷热水循环泵变转速运行最早采用的。在压差控制系统中，当水泵转速改变时，水泵不满足相似定律中的运动相似和动力相似这两个条件，仅满足几何相似。因此，水泵的变工况和额定工况不相似。也就是说，水泵转速改变时，其流量、扬程、功率不能简单采用相似定律来计算。定压差控制系统节能效果不是很理想，现已被定末端压差控制所取代。

目前定末端压差控制法应用最为广泛。压差控制点安装在远离冷冻机房的最不利环路上，虽然测点之间的压差保持恒定，但是最不利环路由于分支系统开启状况不同，其压差是变化的，所以对整个空调水系统来说压力是变化的，水泵的扬程也是变化的，因此能取得较好的节能效果。但在实际空调水系统中，末端装置常用电动二通阀控制，在负荷调节过程中，流量减少并非仅由水泵的转速降低所致，而是由水泵转速和电动二通阀共同作用的结果，致使管路特性曲线发生改变，水泵的相似定律不成立。对于异程式空调水系统，末端位置比较好判断，但是对于多分支的枝状异程式管路系统，特别是对于动态运行，判断何处为最不利末端比较困难。因此，实际工程中往往使用多个末端压差传感器,相应定出多个末端压差设定值,然后根据最不利末端压差偏差来控制冷热水循环泵的转速。

最小阻力控制网络系统较复杂,初投资比较高。需要控制冷热水循环泵转速的控制器与控制各个空调设备的控制器组成控制通信网络,冷热水循环泵转速控制器可以通过该网络获得空调水系统中各调节阀开度的信息,再把风机盘管单元的控制并入楼宇自控网络系统,实施最小阻力控制的条件就完全具备了。从控制原理来看,最小阻力控制不需要测量空调水系统的供回水压差。但考虑到分散控制的特性,为了使控制网络的通信发生故障或中断(检修)时对冷热水循环泵的控制依然有效,最小阻力控制保留了压差控制,最小阻力控制法实施的是变压差控制。在这里的压差控制仅仅是分散控制系统的需要,而不是其控制原理本身的需要,相当多的最小阻力控制采用了控制冷热水循环泵集水器和分水器压差的方式,从而继承了定扬程控制的优点,如图7.2所示。最小阻力控制法是根据空调水系统的各调节阀阀位设定压差值的,因此要求各调解阀为比例调解阀,这在一定程度上限制了它的应用。

对于温差控制,如图7.3所示,其组成比较简单,在实际应用中也比较容易做到。有些设计人员担心采用温差控制会影响某些场所空调系统的使用效果,如餐厅、歌舞厅等,影响这些场所室内冷负荷的主要因素不是室外气象条件,而是室内人数的多少。这种情况可以采用一些控制策略,如可以采用分时段控制或者在人员较集中的场所设置温度传感器,满足特殊场所的需要。

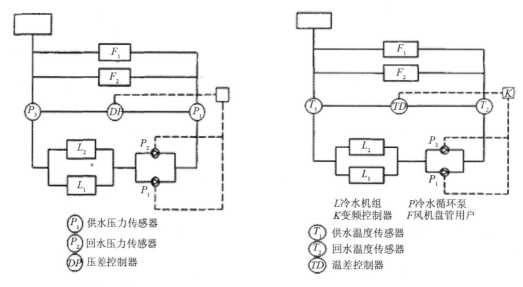

L冷水机组 P冷水循环泵
K变频控制器 F风机盘管用户

P_1 供水压力传感器
P_2 回水压力传感器
DP 压差控制器

T_1 供水温度传感器
T_2 回水温度传感器
TD 温差控制器

图7.2　压差控制水泵变转速原理图　　　图7.3　温差控制水泵变转速原理图

具体工程采用何种变频控制方法,应根据空调水系统的规模、负荷的组成、水系统的阻力平衡、末端设备的同时使用率等具体情况加以分析判断。

7.2 常规一级泵水系统的运行调节

一级泵变流量系统的基本流程如图7.4所示。这种方式多用于中小型系统。二通阀由室温调节装置进行控制。在冷源和用户之间设一根旁通管，装有二通阀和压差调节器，根据供回水总管之间的压差变化调节二通阀的开度。当用户负荷减小、用户侧流量减少时，供回水之间的压差增大，在压差调节器作用下二通阀开大，加大旁通水量；反之，则减小旁通水量，从而在改变用户侧水流量的同时维持了通过冷水机组蒸发器的水量。

一级泵变流量系统的节能是通过台数调节来实现的。因为在只有一台水泵和一台冷水机组的情况下，为保持蒸发器的流量，循环水泵的流量和扬程都不会随用户侧流量的变化而改变。一般冷源侧设有多台冷水机组，冷冻水泵与冷水机组一一对应，依靠供回水总管之间的压差进行台数控制。在部分负荷下，只运行部分台数的冷水机组和水泵，从而节约耗电量。由于台数不能过多，因此，调节级差不能分得很细。在级差之间，通过旁通水管流量的改变，引起了系统总回水温度的改变，据此对冷水机组进行能量调节。

一级泵变流量系统利用变速装置，根据末端负荷调节系统水流量，最大限度地降低了水泵的能耗，与传统的一级泵定流量系统和二级泵系统相比具有较大的节能优势。在进行系统变水量改造设计时，应同时考虑末端空调设备的水量调节方式和冷水机组对变水量系统的适应性，确保变水量系统的可行性和安全性。系统采用变水量后，由于在低负荷状态下，系统水量降低，系统自身的水力失调现象将会表现得更加明显，会导致不利端用户的空调使用效果无法保证。因此在进行变水量系统改造时，应采取必要的措施，保证末端空调系统的水力平衡特性。

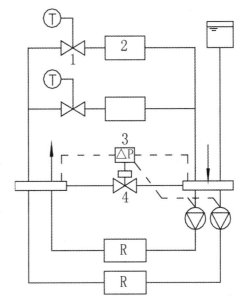

图7.4　一级泵变流量系统原理
1—二通阀；2—用户；3—压差控制器；4—旁通阀。

7.2.1 设备联锁

在一级泵冷冻水系统中，首先要求系统在启动或停止的过程中，冷水机组应与相应的冷冻水泵、冷却水泵、冷却塔等进行电气联锁。只有当所有附属设备及附件都正常运行工作之后，冷水机组才能启动；而停车时的顺序则相反，应是冷水机组优先停车。

当有多台冷水机组并联，且在水管路中泵与冷水机组不是一一对应连接时，则冷水机组冷冻水和冷却水接管上还应设有电动蝶阀，以使冷水机组与水泵的运行能一一对应进行，该电动蝶阀应参加上述联锁。因此，整个联锁启动程序为：水泵→蝶阀→冷水机组；停车时联锁程序相反。

7.2.2 压差控制

对于末端采用两通阀的空调水系统，冷冻水供、回水总管之间必须设置压差控制装置，通常它由旁通电动两通阀及压差控制器组成（也可以直接采用水流压差开关）。其连接时，接口应尽可能设于水系统中水流较为稳定的管道上。在一些工程中，此旁通阀常接于分、集水缸之间，这对于阀的稳定工作及维护管理是较为有利的。但是如果冷水机组是根据冷量来控制其运行台数的话，这样的设置也许不是最好的方式，它会使控制误差加大，原因在后面关于流量计及温度计位置设置部分中将会提到。压差控制器（或压差传感器）的两端接管应尽可能靠近旁通阀两端并也应设于水系统中压力较稳定的地点，以减少水流量的波动，提高控制的精确性。

7.2.3 设备运行台数控制

为了延长各设备的使用寿命，通常要求设备的运行累计小时数尽可能相同。因此，每次初启动系统时，都应优先启动累计运行小时数最少的设备（除特殊设计要求外，比如某台冷水机组是专为低负荷节能运行而设置的），这要求在控制系统中有自动记录设备运行时间的仪表。

1. 回水温度控制

回水温度控制冷水机组运行台数的方式，适用于冷水机组定出水温度的空调水系统，这也是目前广泛采用的水系统形式。通常冷水机组的出水温度设定为7℃，则不同的回水温度实际上反映了空调系统中不同的需冷量。

尽管从理论上来说回水温度可反映空调需冷量，但由于目前较好的水温传感器的精度在0.3℃左右，而冷冻水设计供、回水温差大多为5℃，因此，回水温度控制的方式在控制精度上受到了温度传感器的约束，不可能很高。

当系统内只有一台冷水机组时，回水温度的测量显示值范围为12.3~6.7℃（假定精度为0.3℃），其控制冷量的误差在12%左右。当系统有两台同样制冷量的冷水机组时，从一台运行转为两台运行的边界条件，理论上说应是回水温度为9.5℃，而实际测量值有可能是9.2~9.8℃。这说明当显示回水温度为9.5℃时，系统实际需冷量的范围为总设计冷量的44%~56%。如果此

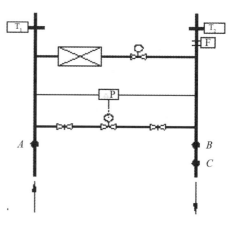

图7.5　水系统各传感器位置

时是低限值，则说明转换的时间过早，已运行的冷水机组此时只有其单机容量的88%而不是100%，这时投入两台会使每台冷水机组的负荷率只有44%，明显是低效率运转且耗能的。如果为高限值（56%），则说明转换时间过晚，已运行的冷水机组的负荷率已达到其单机容量的112%，处于超负荷工作状态。

当系统内有三台同冷量冷水机组时，上述控制的误差更为明显。从理论上说，回水温度在8.7℃及10.3℃时，分别为一台转两台运行及两台转为三台运行的转换点。但实际上，当测量回水温度值显示8.7℃时，总冷量可能的范围为28%~40%，相当于单机的负荷率为84%~120%，因此，在一台转为两台运行时，转换点过早或过晚的问题更为明显。同样，当回水温度显示值为10.3℃时，实际总冷量可能为60%~72%，相当于两台已运行冷水机组的各自负荷率为90%~108%，显然同样存在上述问题。可见，冷水机组设计选用台数越多而实际运行数量越少时，上述由于温度传感器精度所带来的误差越为严重。为了保证投入运行的新一台冷水机组达到所必需的负荷率（通常按20%~30%考虑），减少误投入的可能性及降低由于迟投入带来的不利影响，如果采用回水温度来决定冷水机组的运行台数，则要求系统内冷水机组的台数不应超过两台。

2. 冷量控制

相对于回水温度控制来说，冷量控制方式是更为精确的。它的基本原理是：测量用户侧供、回水温度T_1、T_2及冷冻水流量W，计算出实际需冷量$Q=W(T_2-T_1)$，由此可决定冷水机组的运行台数。

在这种控制方式中，各传感器的设置位置是设计中主要的考虑因素，位置不同，将会使测量和控制误差出现明显的区别。目前通常有两种设置方式：如图7.5中的各个位置，一种是把传感器设于旁通阀的外侧（即用户侧）；另一种是把位置定在旁通阀内侧（即冷源侧）A、B、C三点。

在空调水系统中，为了减少水系统阻力，一般不采用孔板式流量计而采用电磁式流量计，其测量精度大约为1%。以两台冷水机组所组成的水系统为例，上述两种设置位置的测量误差分析如下：

若水系统为线性系统，且两台冷水机组都正在运行，设计冷冻水流量为W_0，当实际冷量Q为设计冷量Q_0的50%时，从控制要求上看应停止一台冷水机组。

（1）传感器设于用户侧时。实际冷量$Q=50\%Q_0$时，测量及计算出的最大可能冷量为：

$$Q_{max}=0.5W_0 \times（1+1\%）\times[（12+0.3）-（7-0.3）]=2.828W_0$$

测量及计算出的最小可能冷量为：

$$Q_{min}=0.5W_0 \times（1-1\%）\times[（12-0.3）-（7+0.3）]=2.178W_0$$

而实际冷量为$Q=2.5W_0$，因此冷量的计算误差为：

最大正误差：$\triangle Q_1（+）=Q_{max}-Q=0.328W_0$；

最大负误差：$\triangle Q_1（-）=Q_{min}-Q=0.322W_0$；

最大正误差率：$X_1(+)=\dfrac{\triangle Q_1(+)}{Q}=13.12\%$；

最大负误差率：$X_1(-)=\dfrac{\triangle Q_1(-)}{Q}=-12.88\%$。

（2）传感器设于冷源侧时。分析条件不变，则测量及计算出的最大可能的冷量为：

$$Q_{max}=W_0（1+1\%）[（9.5+0.3）-（7-0.3）]=3.13W_0$$

测量及计算出的最小可能的冷量为：

$$Q_{min}=W_0（1-1\%）[（9.5-0.3）-（7+0.3）]=1.88W_0$$

最大正误差：$\triangle Q_2（+）=Q_{max}-Q=0.63W_0$；

最大负误差：$\triangle Q_2（+）=Q_{min}-Q=-0.619W_0$；

最大正误差率：$X_2（+）=25.24\%$；

最大负误差率：$X_2（-）=24.76\%$。

从上面两种情况中的X_1和X_2的值可以看出：无论是正误差还是负误差，$|X_2|$远大$|X_1|$，几乎超过了一倍。由此可知：用冷量控制时，传感器设于用户侧是更为合理的。如果把旁通阀设于分、集水缸之间，则传感器的设置就很难满足这种要求，因此会使冷量的计算误差偏大，对机组台数控制显然是不利的。

从定性来看，产生上述测量及计算误差值，主要是由于水温传感器的测量相对精度低于流量传感器的测量精度所造成的。当水温传感器测量精度为0.3℃时，其水温测量的相对误差对供水来说为$0.3/7 \times 100\% \approx 4.3\%$，对回水而言则为$0.3/12 \times 100\%=2.5\%$，它们都远大于流量传感器1%的测量精度。同时，上述分析是在假定水系统为线性系统的基础上的，如果水系统呈一定程度的非线性，则用户侧回水温度在低负荷时可能会更高一些（大于12℃），这时如果把传感器设于用户侧，相当于提高了回水温度的测量精度，其计算的结果会比上述第一种情况的结果误差更小一些。

7.3 常规二级泵水系统的运行调节

7.3.1 系统组成及特点

    冷源侧与冷水机组相对应的水泵称为一次泵，并与冷水机组和旁通管组成一次环路；负荷侧的水泵称为二次泵，与负荷侧末端设备、管路系统及旁通管一起构成二次环路，系统示意如图7.6所示。这种系统的特点是除了在末端换热设备处设置二通控制阀外，在负荷侧和冷源侧分别布置水泵，并在负荷侧与冷源侧之间设置连接供回水总管的旁通管。采用两组水泵，既满足了冷源侧冷水机组工作时蒸发器流量稳定，又能够使二次环路变流量运行，节约冷冻水的输送能耗。此外，由于二级泵系统分割了系统阻力，使得末端调节阀上的压力损失在环路中的比例增大，有助于改善调节品质。据有关资料介绍，当系统的冷冻水量超过300m³/h时，就应采用二级泵系统。但这种系统的初投资较高，机房占地面积较大。另外，

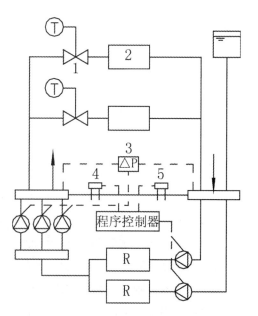

图7.6　二级泵变流量系统原理
1-二通阀；2-用户；3-压差控制器；
4-流量计；5-流量开关。

更好地利用这种系统节能，需要有良好的自动控制手段。

    一次泵的台数设置一般按"一泵一机"的原则，每台水泵的流量与冷水机组蒸发器的额定水量相同。一次泵的扬程用于克服一次环路的阻力损失，包括蒸发器、过滤器、管路等，由于管路较短，总阻力一般在15mH₂O以下。对于二次泵的设置，首先可以根据水系统的阻力状况，划分几个二次环路，以便分别设置水泵以节能。二次环路为变流量系统，水泵的台数不必与一次泵对应。

    二级泵系统冷源侧采用一次泵，定流量运行；负荷侧采用二次泵，变流量运行，既可保证冷水机组定水量运行的要求，同时也能满足各环路不同的负荷需求，因此适用于

系统较大、阻力较高且各环路负荷特性和阻力相差悬殊的场合。

7.3.2　冷水机组台数控制

在二级泵系统中，由于连通管的作用，无法通过测量回水温度来决定冷水机组的运行台数，因此，二次泵系统台数控制必须采用冷量控制的方式，其传感器设置原则与上述一级泵系统冷量控制相类似，如图7.7所示。

7.3.3　二次泵控制

二次泵控制可分为台数控制、变速控制和联合控制三种。

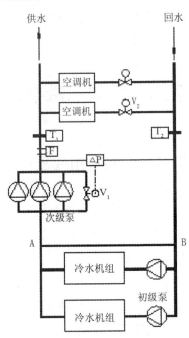

图7.7　二级泵变流量系统

1. 二次泵台数控制

采用此种方式时，二次泵全部为定速泵，同时还应对压差进行控制，因此设有压差旁通电动阀。应该注意的是，压差旁通阀旁通的水量是二次级泵组总供水量与用户侧需水量的差值，而连通管AB的水量是一次泵组与二次泵组供水量的差值，这两者是不一样的。压差控制旁通阀的情况与一级泵系统相类似。

（1）压差控制。当系统需水量小于二次泵组运行的总水量时，为了保证二次泵的工作点基本不变，稳定用户环路，应在二次泵环路中设旁通电动阀，通过压差控制旁通水量。当旁通阀全开而供、回水压差继续升高时，则应停止一台二次泵运行。当系统需水量大于运行的二次泵组总水量时，反映出的结果是旁通阀全关且压差继续下降，这时应增加一台二次泵投入运行。因此，压差控制二次泵台数时，转换边界条件如下：

停泵过程：压差旁通阀全开，压差仍超过设定值时，则停一台泵。

起泵过程：压差旁通阀全关，压差仍低于设定值时，则启动一台泵。

由于压差的波动较大，测量精度有限（5%~10%），当采用这种方式直接控制二级泵时，精度受到一定的限制，且由于必须了解两个以上的条件参数（旁通阀的开、闭情况及压差值），因而使控制变得较为复杂。

（2）流量控制。既然用户侧必须设有流量传感器，因此直接根据此流量测定值并与每台二次泵设计流量进行比较，即可方便地得出需要运行的二次泵台数。由于流量测量的精度较高，因此这一控制是更为精确的方法。此时旁通阀仍然需要，但它只是用作水量旁通用而并不参与二次泵台数控制。

2. 变速控制

变速控制是针对二次泵为全变速泵而设置的，其被控参数既可以是二次泵出口压力，又可以是供、回水管的压差。通过测量被控参数并与给定值相比较，改变水泵电机频率，控制水泵转速。显然，在这一过程中，不再需要压差旁通阀。

3. 联合控制

联合控制是针对定-变速泵系统而设的，当空调水系统采用一台变速泵与多台定速泵组合，其被控参数既可以是压差也可以是压力。这种控制方式，既要控制变速泵转速，又要控制定速泵的运行台数，因此相对来说此方式比上述两种更为复杂。同时，从控制和节能要求来看，任何时候变速泵都应保持运行状态，且其参数会随着定速泵台数启停发生较大的变化。此方式同样不需要设置压差旁通阀。

在上述后两种控制方式中，被控参数是压力或压差。之所以这样考虑，是因为在变速过程中，如果无控制手段，对用户侧来说，供、回水压差的变化将破坏水路系统的水力平衡，甚至使得用户的电动阀不能正常工作，因此，变速泵控制时，不能采用流量为被控参数而必须用压力或压差。

无论是变速控制还是台数控制，在系统初投入运行时，都应先手动启动一台二次泵（若有变速泵则应先启动变速泵），同时监控系统供电并自动投入工作状态。当实测冷量大于单台冷水机组的最小冷量要求时，则连锁启动一台冷水机组及相关设备。

7.3.4 一次泵和冷水机组的台数控制

常有的方法也有两种：一是流量盈亏控制；二是负荷控制。

1. 流量盈亏控制

为保证通过蒸发器的流量，同时又要适应二次泵的变水量运行，因此在一次泵的供回水干管之间设旁通管。并在此管上装上流量检测器和流量开关。当负荷减少时，二次环路中水量减少，此时一次泵的盈余水量可通过旁通管返回一次泵的吸入端，以保证通过蒸发器的水量。由流量开关辨别水流方向，由流量检测器检测盈余水量，当盈余水量达到单台水泵流量的110%时，通过控制器自动停开一台一次泵。反之，当负荷增加，一次泵的流量比二次泵流量小20%~30%的单台一次泵流量时，则增开一台一次泵，如果是一台一次泵对一台冷水机组的配置，则冷水机组随水泵的启停而启停。

2. 负荷控制

负荷控制的原理是在一次泵的总供水干管上安装一个流量检测器，在供回水干管上各安装一个温度检测器，通过测得的供回水流量与温差计算出需冷量，见图7.8。当计算出的需冷量减少达到一台冷水机组的容量时，停开一台冷水机组；反之，当末端设备需冷量增加值超过一台冷机的容量时，增开一台冷水机组，但此时与之对应的一次泵必须正在运转，以保证蒸发器的水量。为保证冷水机组蒸发器的水量稳定，采用负荷控制方法时，同样需在一次泵的供回水干管之间设置带调节阀的旁通管，并采用压差控制的办法。当二次环路的水量减小时，开大旁通阀，反之则关小。

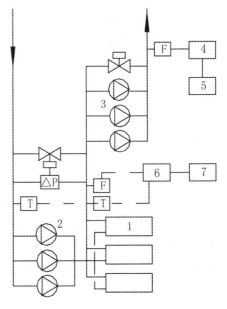

图7.8 负荷控制原理图
1-冷水机组；2-一次泵；3-二次泵；4-流量计算器；5-水泵台数控制器；6-热量计算器；7-冷机台数控制器。

7.4 空调水系统运行控制内容

7.4.1 一级泵系统控制

一级泵系统控制原理图如图7.9所示。

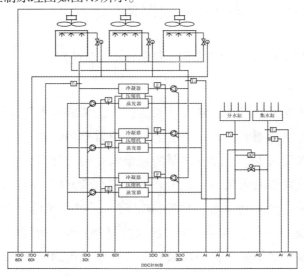

图7.9 一级泵水系统DDC控制原理图

1. 启停控制

（1）联锁顺序：水泵→电动蝶阀→冷却塔控制环路→压差控制环路→冷水机组。停车时顺序相反。

（2）系统设有中央控制室键盘远距离启停及现场手动启停，如果控制设备有充分可靠的保证，也可以考虑自动启停。

（3）自动记录各机组的运行小时数，优先启动运行小时数少的机组及相关设备。

2. 运行台数控制

（1）系统初启动。根据室内外空气的状态及运行管理的经验，由管理人员人工启动一套系统。

（2）冷量控制。根据所测冷冻水供、回水温度T_1、T_2及流量F，计算实际耗冷量，并根据单台机组制冷量情况，自动决定机组运行台数并发出相应信号，由人工完成启停操作。

（3）设置时间延迟或冷量控制的上、下限范围，防止机组的频繁启停。

（4）根据冷却水回水温度T_4，决定冷却塔风机的运行台数并自动启停冷却塔风机。

3. 压差控制

按设计及调试要求设定冷冻水系统供、回水压差，并根据压差传感器的测量值来决定旁通电动阀的开度。

4. 显示、报警

（1）设备运行状态（启、停）显示，故障报警。

（2）冷水机组主要运行参数显示及高、低限时报警。

此功能要求冷水机组自配的电脑控制器必须向DDC系统进行通信协议开放，同时在DDC系统中应在图7.9的基础上增加相应的输入功能点。关于具体监测的参数，应由冷水机组生产厂商、DDC系统供货厂商、使用单位以及设计人员根据具体工程的要求确定。

（3）冷冻水及冷却水供、回水温度显示，冷却塔回水温度T_4高、低限时报警。

（4）冷冻水流量显示及记录。

（5）瞬时冷量及累计冷量的显示及记录。

（6）冷却塔电动蝶阀状态显示，故障报警。

（7）冷冻水供、回水压差显示，高限时报警。

（8）旁通电动阀阀位显示。

（9）设备运行小时数显示及记录。

5. 再设定

冷却塔回水温度T_4，冷冻水供、回水压差$\triangle P$均可在中央电脑及现场进行再设定。

7.4.2　二级泵系统控制

二级泵系统控制原理图如图7.10所示。

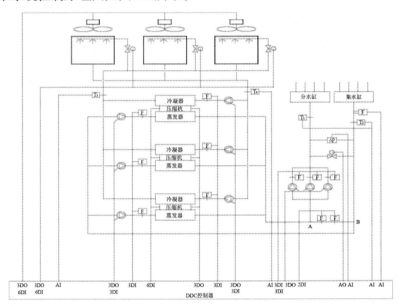

图7.10　二级泵水系统DDC控制原理图

1. 系统启停

根据室内外气象条件及实际情况，人工选择运行小时数最少的一台次级泵启动，同时，压差旁通阀控制环路投入工作。冷水机组及其他设备的联锁启停顺序与一级泵系统相同。

2. 设备运行台数控制

（1）根据计算冷量，自动决定冷水机组及相关设备的运行台数，优先启动运行小时数最少的系统及设备。

（2）根据所测流量及次级泵设计参数，自动决定次级泵运行台数，优先启动运行小时数较少的次级泵。

（3）冷水机组的启停应设有时间延迟或冷量控制的上、下限，避免机组频繁启停。

（4）冷却塔风机的运行台数由回水温度T_4来控制。

3. 压差控制

根据要求设定冷冻水供、回水控制压差，当实测压差$\triangle P$大于设定值时，开大旁通电动阀；反之，则关小旁通电动阀。

4. 显示、报警

（1）设备运行状态（启、停）显示，故障报警。

（2）冷水机组运行参数显示及报警（同一级泵系统）。

（3）冷冻水及冷却水供、回水温度 $T_1 \sim T_4$ 显示，T_4 高限时报警。

（4）冷冻水流量显示及记录。

（5）瞬时冷量和累计冷量显示及记录。

（6）冷却塔电动蝶阀状态显示，故障报警。

（7）冷冻水供、回水压差显示，高限时报警。

（8）旁通阀阀位显示。

（9）平衡管 AB 的管内水流方向显示。

当有冷水机组运行时，此管内反向流动（从 B 点流向 A 点为反向流动）时报警，如果仅是次级泵运行而无冷水机组运行，则不报警。

（10）设备运行小时数显示及记录。

5. 再设定

与一级泵系统相同。

7.4.3 冷却水系统冷却塔运行监控内容

冷却塔的运行控制与冷水机组的运行控制可由机房群控系统实现，其监测与控制的内容见图7.9和7.10所示。冷却塔与冷水机组通常是电气联锁的，但这一联锁并非要求冷却塔风机必须随冷水机组同时运行，而只是要求冷却塔的控制系统投入工作，一旦冷却回水温度不能保证时，则自动启动冷却塔风机。

因此，冷却塔的控制实际上是利用冷却回水温度来控制相应的风机（风机作台数控制或变速控制），不受冷水机组运行状态的限制（例如，室外湿球温度较低时，虽然冷水机组运行，但也可能仅靠水从塔流出后的自然冷却而不是风机强制冷却即可满足水温要求），它是一个独立的控制环路。

案例 – 空调一次泵变流量系
统运行调节——中国石化大厦

7.5 水系统的调节阀

7.5.1 调节阀的分类

调节阀属于空调自动控制系统中的一个执行部件，其在空调水系统运行调控中的作用极为重要。

在空调水系统中，根据构造及外形，常用的调节阀有以下几种：

1. 直通单座阀（简称两通阀）

直通单座阀是目前空调系统中应用最多的一种调节阀，其结构如图7.11所示。它具有一个阀座、一个阀芯及其他部件。当阀杆提升时，阀开度增大，流量增加；反之，则开度减小，流量降低。它的特点是关闭严密，工作性能可靠，结构简单，造价低廉，但阀杆承受的推力较大，因此对执行器工作力矩要求相对较高。它主要适合于对关闭要求较严密及压差较小的场所，如普通的空调机组、风机盘管、热交换器等的控制。

2. 直通双座阀

直通双座阀又称压力平衡阀，它有两个阀座及两个阀芯，如图7.12所示。其特点是在关闭状态时，两个阀芯的受力可部分互相抵消，阀杆不平衡力很小，因此开、关阀时对执行机构的力矩要求较低。但从其结构中我们也可以看到，它的关闭严密性不如单座阀（因为两个阀芯与两个阀座的距离不可能永远保持相等，即使制造时尽可能相等，在实际使用时，由于温度引起的阀杆和阀体的热胀冷缩不一致，或在使用一段时间后由于磨损等原因也会产生这一差异）。另外，由于结构原因，其造价相对较高。它适用于控制压差较大，但对关闭严密性要求相对较低的场所，比较典型的应用如空调冷冻水供回水管上的压差控制阀。

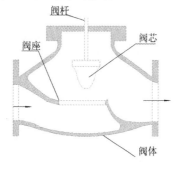

图7.11 直通单座阀结构

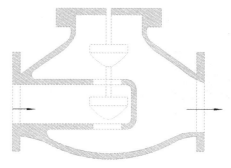

图7.12 直通双座阀结构

3. 三通阀

三通阀分为三通合流阀和三通分流阀两种形式,其特点是基本上能保持总水量的恒定,因此它适合于定水量系统。实际上,由于阀各支路的特性不同,三通阀要完全做到水流量的恒定是不可能的。在其全行程的范围内,总是存在一定的总水量波动情况,其波动范围大约为0.9~1.015。为合流用途而设计的三通阀通常不适用于作为分流阀,但为分流用途而设计的三通阀一般情况下也可用作合流阀。

4. 蝶阀

蝶阀以其体积小、重量轻、安装方便而受到人们的喜爱,并且开、关阀时的允许压差较大。但是,其调节性能和关阀密闭性都较差,使其使用范围受到一定的限制。通常它用于压差较大、对调节性能要求不高的场所(如双位式用途等)。

7.5.2 调节阀最大压差

阀门在使用过程中,由于其两端的压力是不一样的,因此阀杆必然存在推力(或拉力)。这一推力不但和阀的形式(如单座、双座阀)有关,还与阀杆和阀芯直径、导向设置方式以及阀门是"流开"还是"流关"的状态有关。

所谓"流开",即是阀门的开启方向与水流方向相一致;而所谓"流关"则是指阀关闭方向与水流方向一致。在空调系统中,绝大多数自控阀都是单导向"流开"型。对于双座阀而言,其上下阀芯的直径都是相同的,且大多数为正装阀(提升时开阀)。

设阀芯直径为d_g(cm),阀杆直径为d_s(cm),阀前后压力分别为P_1及P_2(P_a),阀压差$\triangle P_v = P_1 - P_2$。

单导向流开型单座阀的阀杆推力为:

$$F_{t1} = \frac{1}{4 \times 9800} \pi (d_g^2 \cdot \Delta P_v + d_s^2 \cdot P_2) \qquad (7-6)$$

单导向双座阀的阀杆推力为:

$$F_{t2} = \frac{1}{4 \times 9800} \pi \cdot d_s^2 \cdot P_2 \qquad (7-7)$$

从以上两式中可以看出:$F_{t2} < F_{t1}$,即双座阀阀杆的推力小于同一阀口径、同一场合下使用的单座阀。

在阀门选择时,通常生产厂家都会给出阀的允许使用压差$\triangle P_r$。应该注意的是:厂家样本中所列的$\triangle P_r$通常是指其出口压力$\triangle P_2$为零时的值,即$\triangle P_r = P_1$。而在实际工程中,普通冷、热水阀出口压力P_2均不为零,由此可算出实际水阀工作时允许的最大压差为:

对于单座阀：

$$\Delta P_{max} = \Delta P_r - (\frac{d_s}{d_g})^2 \cdot P_2 \quad\quad (7-8)$$

对于双座阀：当两个阀芯直径相同时，从式（7-8）中可以看出：$\triangle P_{max}$与阀两端实际压差$\triangle P_v$无关，因此，双座阀对实际压差应无限制。但是由于P_2使其仍存在轴向推力，因此必须保证执行机构的作用力大于F_{f2}。

7.5.3　阀门的流量特性

在介绍阀的流量特性之前，要先了解关于阀门的一个重要参数，即可调比R。可调比定义为阀门所能控制的最大流量与最小流量之比，即：

$$R = \frac{W_{max}}{W_{min}} \quad\quad (7-9)$$

值得注意的是：W_{min}并不等于零，也不是阀全关时的泄漏量，而是其所能控制的最小流量（泄漏量是无法控制的）。R值与阀门的制造精度有关，一般来说，用于空调系统的阀门，其R值在30左右。因此，其所能控制的最小流量应是全开流量的1/30。

阀的流量特性指阀相对流量g与其相对开度L之间的关系，这是阀门选择时的基本要求。阀的流量特性一般分为理想流量特性和工作流量特性，后者即和使用条件有关，前者则是在一种标准条件下所建立的。

1. 阀门理想流量特性

阀门理想流量特性建立的基础是：保持阀门两端压差不变。在本节的讨论中，如果不是特别指明，提到某种特性的阀门时，均是指其理想特性。

（1）直线特性。直线特性指阀门相对流量g的变化与其相对开度L的变化成正比，其数学表达式为：

$$\frac{dg}{dL} = k \quad\quad (7-10)$$

式中，k为比例常数。

对式（7-10）进行积分并代入边界条件：当$L=0$时，$W=W_{min}$；当$L=L_{max}$时，$W=W_{max}$，则：

$$g = \frac{1}{R}[1 + (R-1)L] \quad\quad (7-11)$$

比例系数为：

$$k = 1 - \frac{1}{R} \quad\quad (7-12)$$

显然，对于可调比$R=30$的阀门，$k=0.967$。

（2）等百分比特性。等百分比特性指阀门相对开度L的变化引起的相对流量g的变化与该点的相对流量g成正比（比例系数为k），其数学表达式为：

$$\frac{\mathrm{d}g}{\mathrm{d}L} = k \cdot g \qquad (7-13)$$

同样，对式（7-13）积分并代入与直线阀相同的边界条件，得：

$$g = R^{(L-1)} \qquad (7-14)$$

其比例系数为：

$$k = \ln R \qquad (7-15)$$

对于可调比R＝30的阀门，k＝3.4。

（3）抛物线特性（又称二次曲线特性）。抛物线特性指相对开度L的变化所引起的相对流量的变化与该点的相对流量g的平方根成正比，数学表达式为：

$$\frac{\mathrm{d}g}{\mathrm{d}L} = k \cdot g^{\frac{1}{2}} \qquad (7-16)$$

对式（7-16）积分并代入边界条件：

$$g = \frac{1}{R}[1 + (\sqrt{R} - 1)L]^2 \qquad (7-17)$$

（4）快开流量特性。快开流量特性指相对开度L的变化所引起的相对流量g的变化与该点的相对流量g成反比。从定性看，当开度很小时，流量即迅速增大至接近最大值。其数学表达式为：

$$\frac{\mathrm{d}g}{\mathrm{d}L} = k \cdot \frac{1}{g} \qquad (7-18)$$

对式（7-18）积分并代入边界条件：

$$g = \frac{1}{R}[1 + (R^2 - 1)L]^{\frac{1}{2}} \qquad (7-19)$$

以上四种特性是目前空调系统中最常用的阀门特性，其图形表示分别如图7.13中曲线1、2、3、4所示。

（5）蝶阀的流量特性。蝶阀的理想特性与上述四种有着明显的区别。由于在阀板、驱动轴等的构造上不同，因而各厂家制造的蝶阀的理想特性有较大的区别。通常来说，阀板较薄时，接近于等百分比特性；反之，则向直线特性靠近。典型的蝶阀特性如图7.14所示，它在开度L≤60%的范围内接近等百分比持性，而在L＞60%的范围时，则多表现出直线甚至快开特性。

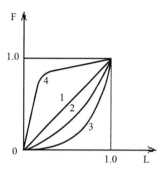

图7.13 阀门的理想特性曲线

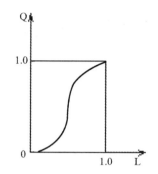

图7.14 蝶阀的理想特性曲线

2. 阀门的工作流量特性

在前述讨论阀门理想特性时，一个基本条件是维持阀门两端压差不变。在空调系统中，这种情况只有冷冻水供、回水总管之间的压差旁通阀的使用条件与之基本相符。而对于表冷器、热交换器等，由于有水阻力元件与阀门相连（如盘管或热交换器阻力、管件阻力等），在阀的调节过程中，即使保持供、回水总管的压差不变，各表冷器支路的压差仍然是处在一个不断变化的过程中（随调节阀开度的变化），导致调节阀两端的压差不断变化，这一实际情况不符合理想特性的基本条件。因此，我们把这种实际工作条件下阀门的特性称为其工作流量特性。

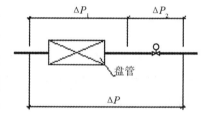

图7.15 调节阀与表冷器的连接示意

研究阀门的工作流量特性是以其理想特性为基础的，工作特性反映了具有某种理想特性的阀门在一定条件下的实际工作性能。如图7.15所示，冷水系统或供、回水管压差 ΔP 恒定，表冷器设计状态下的水阻力为 ΔP_b（包括支路管道及除调节阀的所有附件），阀全开时水阻力为 ΔP_v，全开流量为 W，阀门理想流量特性为 $g=f(L)$。

（1）阀权度 P_v。阀权度定义为阀门全开压差占系统压差的比例，即：

$$P_v = \frac{\Delta P_v}{\Delta P} = \frac{\Delta P_v}{\Delta P_v + \Delta P_b} \qquad (7\text{-}20)$$

当 $P_v=1$ 时，阀门的工作流量特性等于其理想流量特性。阀权度表明阀门工作流量特性偏离其理想流量特性的程度。

（2）工作流量特性。根据图7.13，可以推导出阀门的实际工作流量特性为：

$$g_s = f(L) \times \sqrt{\frac{1}{(1-P_v)f^2(L)+P_v}} \qquad (7\text{-}21)$$

由式（7-21）、式（7-10）、式（7-13）、式（7-16）及式（7-18），分别可以得出理想特性为直线、等百分比、抛物线及快开型阀门各自的工作流量特性，分别如图7.16—图7.19中曲线 b 所示（曲线 a 为该阀理想特性）。

从式（7-21）中也可以看出：由于$f^2(L) \leq 1$，$P_v \leq 1$，因此$g_s \geq f(L)$。这说明，当阀门在同一开度时，其实际相对流量g_s将不小于理想相对流量$g[=f(L)]$。随着P_v的减小，此差别越来越明显。因此，阀门在实际使用时，直线特性将向快开型转化，等百分比特性将向抛物线甚至直线特性转化，抛物线特性将向直线甚至快开型转化，快开特性则显得更为严重。这种变化将对调节质量带来不同程度的影响。

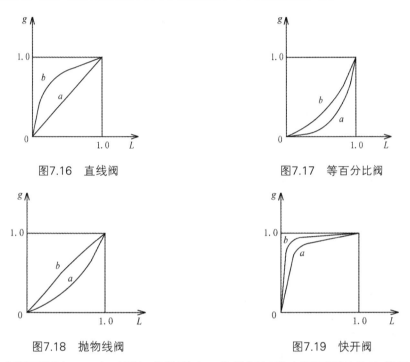

图7.16　直线阀　　　　　　　　　　图7.17　等百分比阀

图7.18　抛物线阀　　　　　　　　　图7.19　快开阀

（3）实际可调比R_s。由于阀权度的影响，将使阀门的实际可调比R_s比其理想可调比R下降。

$$R_s = R\sqrt{P_v} \tag{7-22}$$

可调比的下降意味着阀门调节流量的能力降低。可以看出，阀权度是一个相当重要的参数，它的大小对调节质量有着重要的影响，值得设计人员的高度重视。

7.5.4　调节阀流通能力

调节阀流通能力是衡量阀门流量控制能力的另一个重要的物理量，定义为阀两端压差为$10^5 Pa$、流体密度为$\rho = 1g/cm^3$时，调节阀全开时的流量（m³/h），即：

$$C = \frac{316 \cdot W}{\sqrt{\Delta P_v}} \tag{7-23}$$

式中，W——流体流量（m³/h）；

$\triangle P$——阀两端压差（Pa）。

从其定义式可知：式（7-23）适用于空调系统中的冷、热水的控制（水的密度可视为$1g/cm^3$）。

拓展 – 空调水系统
调节阀选择

拓展 – 控制阀计算
例题

7.6 水系统的平衡阀

7.6.1 空调水系统水力失调概述

供暖及空调系统中水力平衡的技术是节能及提高供冷或供热品质的关键。冷热循环水系统运行中常见的问题有：

（1）在供热或空调系统中，由于种种原因，大部分输送环路及冷热源机组环路存在水力失调，使得流经终端用户及机组的实际流量与设计流量不符。

（2）多数水泵选型偏大或水泵运行在不合适的工作点，导致水系统处于大流量、小温差运行工况，水泵运行效率低、热量输送效率低。

（3）各用户处室温不一致、不稳定，近热源处室温偏高，远热源处室温偏低。近冷源处室温偏低，远冷源处室温偏高。

（4）对热源或冷源机组来说，机组达不到其额定出力，使实际运行的机组台数超过按负荷要求的台数。

水力失调分为静态水力失调与动态水力失调。静态水力失调是指由于设计、施工、设备材料等原因导致的系统管道特性阻力数比值与设计要求的系统管道特性阻力数比值不一致，从而使系统各户的实际流量与设计要求流量不一致，引起的水力失调。静态水力失调是稳态的、根本性的，是系统本身所固有的，是暖通空调水系统中水力失调的重要因素。

动态水力失调是指系统实际运行过程中当某些阀门开度变化引起水流量改变时，系统的压力产生波动，其他用户的流量也发生改变，偏离系统要求流量，从而引起的水力失调，叫做动态水力失调。动态水力失调是动态的、变化的，不是系统本身所固有的，是在系统运行的过程中产生的。

通过在管道系统中增设静态水力平衡阀，在系统初调试过程中对系统管道特性阻力数比值进行调节，使其与设计要求一致，当系统总流量达到设计流量时，各空调单元也同时达到设计流量。通过在管道系统中增设动态水力平衡设备，当其他用户阀门开度发生变化时，通过动态水力平衡设备的屏蔽作用，使自身的流量不发生变化，末端流量不互相干扰。

采用平衡阀，可以提高室内环境舒适度，保证室温达到设计要求，短时间内达到设定温度；可以实现流量分配合理，水力平衡阀可以吸收超量压差，还可以控制及设定系统所需的流量；还可以节约能量，降低运行费用，一般而言，在空调系统中水温度每降低1℃，会造成能耗升高15%，而在供热系统中水温度每升高1℃，会造成能耗升高10%。

7.6.2 平衡阀

1.静态类平衡阀

手动平衡阀：又称静态平衡阀、平衡阀，通过手动调节阀门开度改变阀门的KV值，消耗多余的压差，测量通过该阀的流量和压降，如图7.20所示。

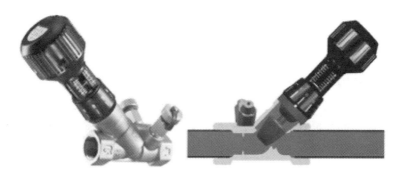

图7.20 静态平衡阀

通过旋转手柄调节阀芯的上下运动，以改变阀门的KV值，通过专用仪表连接阀门两端的测压点可以测量阀门的压降和通过流量，并可以锁定阀门的开度。具有调节阀功能，精确调节KV值，同时具有关断和测量阀门的压降和流量的功能。通过消耗富余压差，使管路流量和压降与设计值一致，进而进行流量测量。安装位置如图7.21所示。

定流量系统的管路应逐级安装，从末端支路到水泵出口的各个支路。变流量系统的大分支处（仅当安装动态压差平衡阀的支路上的压

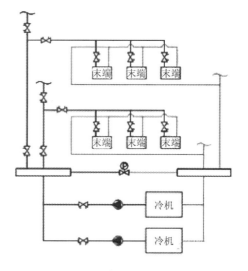

图7.21 静态平衡阀安装位置

差大于动态压差平衡阀的控制压差时才安装），末端安装动态压差平衡阀。一般情况下，在供水管或回水管安装均可，差别在于安装在供水管时，手动平衡阀的工作压力要大于回水管安装的情况，但是末端设备和电动调节阀的工作压力情况刚好相反。

2. 动态流量平衡阀

动态流量平衡阀又称动态平衡阀、自力式流量控制阀，在一定的压差范围内维持流量动态恒定（在一个区间内），其外形如图7.22所示。

图7.22　动态流量平衡阀

动态流量平衡阀在压降31~600kPa保持流量恒定。当来流压力增大时，阀胆的套筒向下运动，压缩阀胆内的弹簧，同时减少阀胆底部阀孔的过流面积，即减少阀胆的KV值。这样虽然阀胆两端的压差增大了，但是KV值减小了，在弹簧的作用下两者的乘积即流量基本上保持不变。安装位置如图7.23所示。

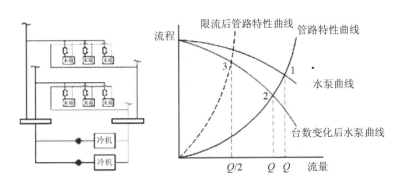

图7.23　动态流量平衡阀安装位置及管路特性

动态流量平衡阀在定流量系统的管路需末端安装，不需逐级；一级泵系统中冷冻水泵、冷却水泵处，并防止台数变化、水泵过流时可以安装；冷却塔系统等需要恒定流量的场所可安装。

3. 动态压差平衡阀

动态压差平衡阀又称压差控制器，维持压差在一定的范围内动态恒定（在一个区间内），外形如图7.24所示。

图7.24　动态压差平衡阀

如图7.25所示，电动调节阀上游的高压通过导压管引导至控制膜盒下侧，电动调节阀下游的压力通过外部导压管或内部导压孔引导至控制膜盒上侧。当高压侧的压力升高时，膜盒向上运动，带动阀杆、阀锥也向上运动，造成中压侧压力升高，从而动态地保持中压侧和高压侧之间的压力差与弹簧的预设力平衡，从而保证了电动调节阀两端压差的动态恒定。当高压侧的压力降低时，膜盒向下运动，情况类似。

通过调节弹簧的预紧力，即可调节压差设定值，从而动态保持受控点之间的压差恒定在设定值，保证受控系统的动态水力平衡，防止系统出现动态失调，防止电动调节阀产生噪音和振动。

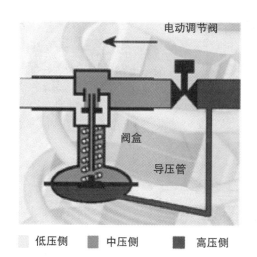

图7.25　动态压差平衡阀原理图

系统中的调节阀门可选用驱动力较小的驱动器，避免烧阀危险。为调节阀提供良好的阀权度，确保线性散热受控系统的实现，保证系统的迅速稳定。调节阀具有以下优点：调试工作量非常小，加速安装周期，系统改、扩建时可以免调试；方便修正实际和设计工况之间的差异；具有最大流量限制功能；保证受控系统的动态水力平衡。

动态压差平衡阀动态保持受控点之间的压差 $\triangle P$ 恒定在设定值，其他未动作电动调节阀的KV值不变，因此该支路的水量动态恒定。仅当电动调节阀动作时，即KV值发生变化时，该支路的水量才会发生变化，如图7.26所示。

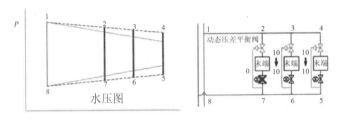

图7.26　安装动态压差平衡阀的系统水压图

动态压差平衡阀安装位置如图7.27所示，包括在定、变流量系统的管路需末端安装，不需逐级；变流量系统的管路，可在支管或立管安装，不需逐级；单导压管的阀必须回水安装，双导压管的阀供水或回水管安装均可。

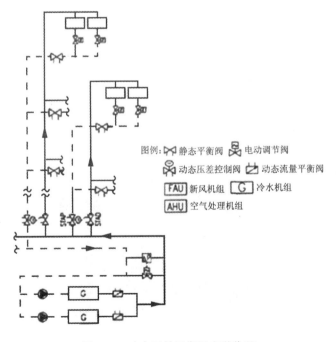

图7.27　动态压差平衡阀安装位置

安例 – 平衡阀应用

本章小结

　　本章主要讲述空调冷热水系统的运行调节方法，重点对一级泵空调水系统和二级泵空调水系统的控制内容进行分析，结合水系统调节阀和平衡阀特性介绍了不同类型阀门调节的水系统水力平衡方法，并结合工程实际案例进行拓展训练。

达成评价

学习成果	自我评价
我掌握了空调冷热水系统调节及水泵运行能效评价	□ 很好 □ 较好 □ 一般 □ 较差 □ 很差
我理解了一级泵水系统的运行调节方法	□ 很好 □ 较好 □ 一般 □ 较差 □ 很差
我了解了二级泵水系统的运行调控内容	□ 很好 □ 较好 □ 一般 □ 较差 □ 很差
我了解水系统水力失调的原因及解决途径	□ 很好 □ 较好 □ 一般 □ 较差 □ 很差
我了解了工程案例中调节阀和平衡阀的设置及工作特性	□ 很好 □ 较好 □ 一般 □ 较差 □ 很差

习题与讨论

一、单选题

1. 在定压罐系统中，各种控制压力之间的关系描述正确的是：

　　A. 安全阀开启压力最高

　　B. 电磁阀开启压力最高

　　C. 补水泵启动压力小于定压点最低压力

　　D. 定压点最低压力小于定压点净高。

2. 关于空调水系统定压点的说法，错误的是：

　　A. 定压点宜设在循环泵吸入口处

　　B. 定压点最低压力宜使管道系统任何一点的绝对压力高于0.5mH₂O

　　C. 空调两管制水系统，供冷和供热的定压装置应共用

D. 高层建筑为避免冷水机组承压过高，可以将循环水泵设置在冷水机组出口

3. 关于垂直失调的说法，错误的是：

　　A. 不同楼层室温的不均匀性称为垂直热力失调

　　B. 垂直热力失调一定是由水力失调引起的

　　C. 垂直失调可能是上热下冷或上冷下热

　　D. 室外温度变化也会影响垂直失调程度

4. 关于水击现象的描述，错误的是：

　　A. 水泵或阀门的突然开闭，引起液体压强骤然升降的现象

　　B. 延长启闭阀门时间，并大于水击波的相长，有利于减弱水击

　　C. 限制管道最大水流速有利于减弱水击

　　D. 设置空气罐也不能抑制水击波的传播

5. 以下关于二次泵系统优点的描述，正确的有：

　　A. 相对比一次泵系统，其初投资大、占地大

　　B. 其冷源侧的一次泵通常定流量运行

　　C. 用户侧二次泵变流量运行能适应负荷变化

　　D. 与一级泵变流量运行相比，二级泵系统一定更节能

二、多选题

1. 两台同样的离心泵并联工作与单独工作时，以下说法正确的是（　　　）

　　A. 并联工作的流量是单泵独立工作时流量的2倍

　　B. 并联工作的流量比单泵独立工作时流量的2倍要小

　　C. 独立工作时工况点的扬程比并联工况点的扬程小

　　D. 独立工作时工况点的扬程比并联工况点的扬程大

2. 下列哪种措施能降低空调系统的泵和风机功耗（　　　）。

　　A. 降低温差

　　B. 降低流速

　　C. 提高传送效率

　　D. 提高设备部分负荷性能

3. 关于电动蝶阀的说法，正确的有：

　　A. 电动蝶阀的自控方式包括三位浮点式和模拟量控制

　　B. 三位浮点控制指阀门的开启、关闭和停止

　　C. 用于关断作用的电动蝶阀，需要电气专业设计配电箱进行电机正反控制

　　D. 在暖通空调领域，电动蝶阀用作调节阀时，可以替代大口径的座阀

4. 关于空调水系统大流量、小温差运行的说法, 错误的有:

　　A. 大流量、小温差运行增加了部分负荷运行时的输配能耗

　　B. 系统总负荷率越低, 系统总温差越高

　　C. 风机盘管水系统出现小温差, 主要是因为末端之间的热力耦合问题

　　D. 采用动态双温度平衡电动阀可以优化末端控制策略, 缓解大流量、小温差问题

5. 以下关于空调水系统阀门设置的说法, 正确的有:

　　A. 通断电动两通阀对水泵的运行节能不如连续调节功能的阀门

　　B. 球阀主要用于快速关断水路

　　C. 静态平衡阀可以调节并联环路阻力比值, 使流量按需分配

　　D. 电动平衡一体调节阀通常安装在回水管上, 可以减少噪声和汽蚀

6. 关于膨胀水箱定压的描述, 正确的有:

　　A. 膨胀水箱定压属于静水柱定压

　　B. 膨胀水箱定压属于开式系统定压

　　C. 膨胀水箱定压系统简单, 比补水泵变频调速旁通定压方式更合理

　　D. 膨胀水箱定压对系统水质有不利影响

三、判断题

1. 空调水系统中大口径的调节阀常常采用蝶阀, 原因是蝶阀的理想流量特性接近等百分比特性。

2. 调节阀压降越大或水温越低, 管路汽蚀现象越显著。

3. 高层建筑中的大型水系统, 水泵停机时为防止产生水锤效应, 可以采用软启动器实现软停车。

4. 循环水泵出口阀门关小, 系统水流量减少, 管网压力损失减少, 当用户阀门不调节时, 各用户用量将成比例减少。

5. 膨胀水箱水位下降, 导致恒压点压力变动, 系统流量变化, 会发生水力失调现象。

6. 冷热水循环泵选型过大, 导致水泵实际运行效率降低, 实际流量将小于设计流量。

7. 增压泵适用于由于管道压力降过大, 远处末端设备资用压力不足的定流量系统。

8. 串联运行的水泵其特性曲线越平坦, 联合运行越好。

9. 水泵运行数量增加时, 管网特性曲线平坦, 联合运行增加流量效果越差。

10. 并联运行多台水泵仅使用在变流量系统, 控制阀开度可调。

11. 在管网阻力特性一定时, 并联水泵运行流量与其台数成正比。

12. 为防止水泵汽蚀, 水泵吸入口处压力应满足最大允许吸上真空度要求。

13. 净正吸入压头 NPSH 系数限制了水泵的最大流量, 由制造厂商给定。

14. 在一定的流量范围内, 水泵的最高效率值取决于水泵特性曲线是陡峭或是平坦。

四、简答题

1. 同程式输配系统的水力特性有哪些?

2. 供冷系统异程式输配管网采用变速水泵，如何评价恒定压差控制位置的影响?

3. 变流量系统的优缺点有哪些?

4. 定流量系统运行的优缺点有哪些?

5. 为什么要进行管网水力平衡调节?

第8章　建筑电气系统节能运行

本章 PPT

教学说明

　　本章以暖通空调系统常用电气设备为对象，围绕电气设备的运行节能与系统控制策略，主要介绍电机、变频器和常见低压电气元件的主要形式和调控方式，结合工程案例和拓展资料介绍电气系统运行控制中的常见问题，推荐课内讲授3~4学时。

学习目标

　　（1）熟悉暖通空调系统设备常用电机的类型；

　　（2）理解变频器工作原理及节能应用；

　　（3）了解常用低压电器的安装、维护与使用管理；

　　（4）能结合具体案例分析电气系统常见故障及解决方案。

🎓 导入语

　　暖通空调系统的运行节能，除了要提高冷、热源主机、末端设备换热效率、流体输配机械泵效率与风机本身机械效率之外，还需要考虑驱动设备的电机运行性能，电机启动和运行方式都对节能有重要影响。作为人环控制的暖通空调设备等机电产品的运行控制，需要暖通空调、自控和电气等多个专业密切配合与融合。通过暖通空调设备调控建筑室内环境参数，需要通过设备电气系统的控制来实现。因此，建筑运行管理技术人员应熟悉暖通空调相关的电气基础知识。

8.1　电机运行节能

　　电机是以磁场为媒介进行机械能和电能相互转换的电磁装置，包括电路、磁路及力学平衡系统的综合性装置，它由定子和转子两大部分组成。在暖通空调系统调节中，电机是被控对象。电机分类如下：

　　（1）按工作电源种类划分：可分为直流电机和交流电机。

　　直流电动机按结构及工作原理可划分为直流无刷电动机和直流有刷电动机。有刷直流电动机可划分为永磁直流电动机和电磁直流电动机。永磁直流电动机可划分为稀土永磁直流电动机、铁氧体永磁直流电动机和铝镍钴永磁直流电动机。电磁直流电动机可划分为串励直流电动机、并励直流电动机、他励直流电动机和复励直流电动机。交流电机还可划分为单相电机和三相电机。

（2）按结构和工作原理可划分为同步电动机、异步电动机。

同步电机可划分为永磁同步电动机、磁阻同步电动机和磁滞同步电动机。异步电机可划分为感应电动机和交流换向器电动机。感应电动机又可划分三相异步电动机、单相异步电动机和罩极异步电动机等。交流换向器电动机可划分为单相串励电动机、交直流两用电动机和推斥电动机。异步电动机的转子转速总是略低于旋转磁场的同步转速。同步电动机的转子转速与负载大小无关而始终保持为同步转速。

（3）按启动与运行方式可划分：电容启动式单相异步电动机、电容运转式单相异步电动机、电容启动运转式单相异步电动机和分相式单相异步电动机。

（4）按用途可划分：驱动用电动机和控制用电动机。

驱动用电动机可划分为电动工具（包括钻孔、抛光、磨光、开槽、切割、扩孔等工具）用电动机、家电（包括洗衣机、电风扇、电冰箱、空调、录音机、录像机、影碟机、吸尘器、照相机、电吹风、电动剃须刀等）用电动机及其他通用小型机械设备（包括各种小型机床、小型机械、医疗器械、电子仪器等）用电动机。控制用电动机又划分为步进电动机和伺服电动机等。

（5）按转子的结构可划分：笼型感应电动机（旧标准称为鼠笼型异步电动机）和绕线转子感应电动机（旧标准称为绕线型异步电动机）。

（6）按运转速度可划分：高速电动机、低速电动机、恒速电动机、调速电动机。

低速电动机又分为齿轮减速电动机、电磁减速电动机、力矩电动机和爪极同步电动机等。调速电动机除可分为有级恒速电动机、无级恒速电动机、有级变速电动机和无级变速电动机外，还可分为电磁调速电动机、直流调速电动机、PWM变频调速电动机和开关磁阻调速电动机。下面介绍几种常用的电机。

8.1.1　单相异步电机

单相异步电动机由定子、转子、轴承、机壳、端盖等构成，如图8.1所示。定子由机座和带绕组的铁心组成。铁心由硅钢片冲槽叠压而成，槽内嵌装两套空间互隔90°电角度的主绕组（也称运行绕组）和辅绕组（也称启动绕组、副绕组）。主绕组接交流电源，辅绕组串接离心开关S、启动电容或运行电容等之后，再接入电源。转子为笼型铸铝转子，它是将铁心叠压后用铝铸入铁心的槽中，并一起铸出端环，使转子导条短路成鼠笼型。单相异步电动机又分为单相电阻启动异步电动机、单相电容启动异步电动机、单相电容运转异步电动机和单相双值电容异步电动机。

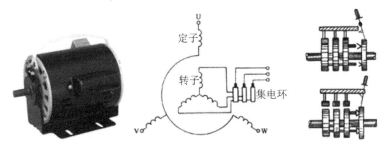

图8.1　单相异步电机外形与结构示意图

8.1.2　三相异步电动机

　　三相异步电动机的结构与单相异步电动机相似，其定子铁心槽中嵌装三相绕组（有单层链式、单层同心式和单层交叉式三种结构），如图8.2所示。定子绕组接入三相交流电源后，绕组电流产生的旋转磁场，在转子导体中产生感应电流，转子在感应电流和气隙旋转磁场的相互作用下，又产生电磁转柜（即异步转柜），使电动机旋转。

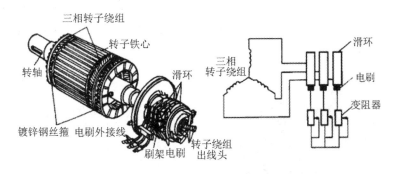

图8.2　三相异步电机结构与接线示意图

8.1.3　直流无刷电机

　　直流无刷电机由电动机主体和驱动器组成，是一种典型的机电一体化产品。电动机的定子绕组多做成三相对称星形接法，同三相异步电动机十分相似。电动机的转子上粘有已充磁的永磁体，为了检测电动机转子的极性，在电动机内装有位置传感器。驱动器由功率电子器件和集成电路等构成，其功能是接受电动机的启动、停止、制动信号，以控制电动机的启动、停止和制动；接受位置传感器信号和正反转信号，用来控制逆变桥各功率管的通断，产生连续转矩；接受速度指令和速度反馈信号，用来控制和调整转速；提供保护和显示等，其工作过程如图8.3所示。

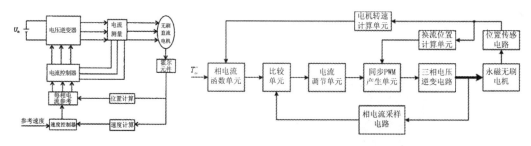

图8.3　直流无刷电机转速控制过程及工作原理图

8.1.4　永磁同步交流电机

永磁同步电动机属于异步启动永磁同步电动机，其磁场系统由一个或多个永磁体组成，通常是在用铸铝或铜条焊接而成的笼型转子的内部，按所需的极数装镶有永磁体的磁极。定子结构与异步电动机类似，如图8.4所示。当定子绕组接通电源后，电动机以异步电动机原理启动，加速运转至同步转速时，由转子永磁磁场和定子磁场产生的同步电磁转矩（由转子永磁磁场产生的电磁转矩与定子磁场产生的磁阻转矩合成）将转子牵入同步，电动机进入同步运行。磁阻同步电动机也称反应式同步电动机，是利用转子交轴和直轴磁阻不等而产生磁阻转矩的同步电动机，其定子与异步电动机的定子结构类似，只是转子结构不同。

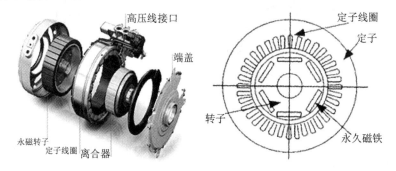

图8.4　永磁同步交流电机结构示意图

8.1.5　高压电机

高压电机是指额定电压在1000V以上的电动机。常使用的是6000V和10000V电压。由于国外的电网不同，也有3300V和6600V的电压等级。高压电机的产生是由于电机功率与电压和电流的乘积成正比，因此低压电机功率增大到一定程度（如300kW/380V）电流受到导线的允许承受能力的限制就难以做大，或成本过高，需要通过提高电压实现大功率输出。高压电机优点是功率大，承受冲击能力强；缺点是惯性大，启动和制动都困难。

高压电机分为高压同步电机、高压异步电机、高压异步绕线式电动机和高压鼠笼型电机等。高压电机的控制装置根据实际情况确定，当电机容量大小与电源容量在1000kW以下时可直接启动，这时的冲击电流是额定值的3~6倍。对于大容量电机，为了防止冲击电流过大，必须考虑减少启动电流，启动方式有串电抗启动、变频启动和液力偶合器启动等多种方式。此外，由于高压电机电压高，电流冲击大，电机制造必须满足过电压的要求，其绝缘等级要求较高。

8.1.6 变频电机

变频技术实际是利用电机控制学原理，通过所谓的变频器，对电机进行控制。用于此类控制的电机叫作变频电机，其组成结构及接线如图8.5所示。常见的变频电机包括：三相异步电机、直流无刷电机、交流无刷电机及开关磁阻电机等。

通常变频电机的控制策略为：基速下恒转矩控制、基速以上恒功率控制、超高速范围弱磁控制。由于电机运转时会产生反电动势，而反电动势的大小通常与转速成正比。因此当电机运转到一定速度时，由于反电动势大小与外加电压大小相同，此时的速度称为基速。电机在基速下，进行恒转矩控制。此时电机的反电动势E与电机的转速成正比，并且电机的输出功率与电机的转矩及转速乘积成正比，因此此时电机功率与转速成正比。当电机超过基速后，通过调节电机励磁电流来使电机的反电动势基本保持恒定，以此提高电机的转速。此时，电机的输出功率基本保持恒定，但电机转矩与转速成反比例下降。当电机转速超过一定数值后，励磁电流已经相当小，基本不能再调节，此时进入弱磁控制阶段。

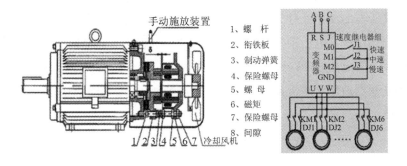

图8.5 变频电机结构及接线示意图

拓展 – 电机控制电路

8.2 变频器运行节能

8.2.1 变频器分类

1. 根据变流环节不同

交–直–交变频器的工作流程是先将频率固定的交流电整流成直流电，再把直流电逆变成频率任意可调的三相交流电。交–交变频器的作用是把频率固定的交流电直接变换成频率任意可调的交流电（转换前后的相数相同）。这两类变频器中交–直–交变频器应用广泛，其基本部件如图8.6所示。

整流器将恒压、恒频的交流电变成直流电，供给逆变器。与整流器相反，逆变器将直流电变换为可变压、变频的交流电。经整流后的直流电压中含脉动成分，同时逆变器产生的脉动电流也使直流电压波动。为了抑制电压波动，采用电感或电容吸收脉动电压（电流），能起到滤波作用。变频器输出的电流或电压的波形为非正弦波，而产生的高次谐波对电源产生谐波污染，电源的质量下降，电动机损耗增加，效率下降。因此，一般的变频器还需在输出端设置滤波器。

2. 根据平波电路中的滤波方式不同

电压型变频器的储能元件为电容器，经逆变器输出的交流电压波形为矩形波，而电流波形接近于正弦波。电流型变频器的储能元件为电感线圈，经逆变器输出的交流电压波形为正弦波，而电流波形接近于矩形或阶梯波形。工作过程如图8.7所示。

电流型变频器适用于单机拖动、频繁加减速情况运行。暖通空调系统中的泵与风机大多采用电流型变频器。

3. 根据输入电源的相数不同

三进三出变频器是指变频器的输入侧和输出侧都是三相交流电。绝大多数变频器属于此类。单进三出变频器是指变频器的输入侧为单相交流电，输出侧为三相交流电，家用电器中的变频器属于此类，通常容量较小。

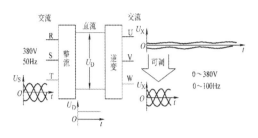

图8.6　交-直-交变频器框图

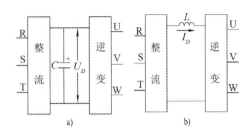

图8.7　电压型和电流型变频器

8.2.2　变频器的节能作用

变频器主要的额定数据有输入侧数据和输出侧数据。输入侧数据有：

（1）额定电压，我国中小容量变频器的额定电压多为三相交流380V。

（2）额定频率，我国为50Hz。

输出侧数据有：

（1）额定输出电压，因为变频器的输出电压是随频率而变的，所以，其额定输出电压只能规定为输出电压中的最大值。一般情况下，它总是和输入侧的额定电压相等。

（2）额定输出电流，是允许长时间通过的最大电流，是用户在选择变频器容量时的主要依据。

（3）额定输出容量，由额定输出电压和额定输出电流的乘积决定。

（4）配用电动机容量，指在带动连续不变负载的情况下，能够配用的最大电动机容量。

变频器的节能主要体现在风机与水泵部分负荷工况下改变转速实现流量调节，避免阀门节流的能量损失。利用变频器的软启动功能将使启动电流从零开始，最大值也不超过额定电流，减轻了对电网的冲击和对供电容量的需求，可以延长设备和阀门的使用寿命，从而也节省设备维护费用。此外，使用变频调速装置，由于变频器内部的滤波作用，可以减少无功损耗，增加电网有功功率，实现电路系统节能。

8.2.3　四象限变频器

普通变频器大都采用二极管整流桥将交流电转换成直流，然后采用IGBT逆变技术将直流转化成电压频率皆可调整的交流电控制交流电动机。这种变频器只能工作在电动状态，所以称之为两象限变频器。由于两象限变频器采用二极管整流桥，无法实现能量的双向流动，所以没有办法将电机回馈系统的能量送回电网。在一些电动机要回馈能量的应用中，比如电梯、提升机、离心机系统、抽油机等，只能在两象限变频器上增加电阻制动单元，将电动机回馈的能量消耗掉。另外，二极管整流桥会对电网产生严重谐波污染。IGBT功率模块可以实现能量的双向流动，如果采用IGBT做整流桥，用高速度、高运算能力的DSP产生SVPWM控制脉冲。一方面可以调整输入的功率因数，消除对电网的谐波污染，让变频器真正成为"绿色产品"。另一方面可以将电动机回馈产生的能量反送到电网，达到节能的效果。

所谓四象限是指电机运行机械特性曲线在数学轴上的四个象限都可以运行。第一象限为正转电动状态，第二象限为回馈制动状态，第三象限为反转电动状态，第四象限为反转制动状态。这类变频器不仅能拖动电动机正反转，并且能把电动机惰走时的动能转换成电能回馈到电网，使电动机工作在发电机状态。

8.2.4　变频器的安装位置

变频器需要串联在电机和电源之间。安装变频器时，需要考虑变频器与电机之间的距离，尽量减少谐波的影响，以提高系统的稳定性。因为变频器输出的电压波形不是正弦波，波形中含有大量谐波成分，其中，高次谐波会使变频器输出电流增大，造成电机绕组发热，产生振动和噪声，加速绝缘老化，还可能损坏电机。同时，各种频率的谐波会向空间发射不同程序的无线电干扰，还可能导致其他设备误动作。

采用墙挂式安装时，用螺栓垂直安装在坚固的物体上。正面是变频器文字键盘，请勿上下颠倒或平放安装。周围要留有一定空间，上下10cm以上，左右5cm以上。因变频器在运行过程中会产生热量，必须保持冷风畅通。采用柜中安装时，变频器的上方柜顶要安装排风扇；当控制柜中安装多台时，要横向安装，且排风扇安装位置要正确。如图8.8所示。

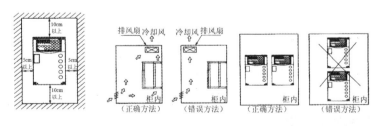

（a）挂墙安装　　　（b）单台柜中安装　　　（c）多台柜中安装
图8.8　变频器的安装方式

一般说来，壁挂式安装的主要优点是散热较好，但对周围环境的要求较高。另一方面，变频器往往还有许多外围器件，如空气断路器、接触器、快速熔断器、电抗器、滤波器等等。因此，在周围环境比较洁净，进出人员较少的场合，如水泵房、中央空调的控制室等处，在外围器件不多的情况下，可以考虑采用壁挂式安装。反之，对于周围环境不很洁净，来往人员较多，外围器件也较多的场合，最好采用柜式安装。变频器的工作环境温度范围一般为-10℃~+40℃，当环境温度大于变频器规定的温度时，变频器要降额使用或采取相应的通风冷却措施。变频器工作环境的相对湿度为5%~90%，要求无结露现象。此外，变频器应安装在不受阳光直射、无灰尘、无腐蚀性气体、无可燃气体、无油污、无蒸汽滴水等环境中；安装场所的周围振动加速度应小于0.6g（g=9.8m/s²），可采用防震橡胶；与变频器易产生电磁干扰的装置应隔离。

变频空调机组的变频器安装在室外机，室内控制板负责检测室内数据并与室外机进行通讯；室外控制板输出信号控制变频模块从而控制压缩机，实现根据输入频率的大小控制室内温度，根据负荷变化调节压缩机电机的转速，调整制冷剂的流量。

拓展 - 变频器安装故障实例分析

8.3 常用低压电器

8.3.1 继电器

继电器（英文名称：relay）是一种电控制器件，是当输入量（激励量）的变化达到规定要求时，在电气输出电路中使被控量发生预定的阶跃变化的一种电器。它具有控制系统（又称输入回路）和被控制系统（又称输出回路）之间的互动关系。通常应用于自动化的控制电路中，它实际上是用小电流去控制大电流运作的一种"自动开关"。故在电路中起着自动调节、安全保护、转换电路等作用。

图8.9 继电器

继电器的触点有三种基本形式：

（1）动合型（常开）（H型）。线圈不通电时两触点是断开的，通电后，两个触点就闭合。以合字的拼音字头"H"表示。

（2）动断型（常闭）（D型）。线圈不通电时两触点是闭合的，通电后两个触点就断开。用断字的拼音字头"D"表示。

（3）转换型（Z型）。这是触点组型，这种触点组共有三个触点，即中间是动触点，上下各一个静触点。线圈不通电时，动触点与其中一个静触点断开和另一个闭合，线圈通电后，动触点就移动，使原来断开的成闭合，原来闭合的成断开状态，达到转换的目的。这样的触点组称为转换触点。用"转"字的拼音字头"Z"表示。

继电器一般都有能反映一定输入变量（如电流、电压、功率、阻抗、频率、温度、压力、速度、光等）的感应机构（输入部分）；有能对被控电路实现"通""断"控制的执行机构（输出部分）；在继电器的输入部分和输出部分之间，还有对输入量进行耦合隔离、功能处理和对输出部分进行驱动的中间机构（驱动部分）。

作为控制元件，继电器有如下几种作用：

（1）扩大控制范围：例如，多触点继电器控制信号达到某一定值时，可以按触点组的不同形式，同时换接、开断、接通多路电路。

（2）放大：例如，灵敏型继电器、中间继电器等，用一个很微小的控制量，可以控制很大功率的电路。

（3）综合信号：例如，当多个控制信号按规定的形式输入多绕组继电器时，经过比较综合，达到预定的控制效果。

（4）自动、遥控、监测：例如，自动装置上的继电器与其他电器一起，可以组成程序控制线路，从而实现自动化运行。

按继电器的工作原理或结构特征分类：

（1）电磁继电器：利用输入电路内电路在电磁铁铁芯与衔铁间产生的吸力作用而工作的一种电气继电器。

（2）固体继电器：指电子元件履行其功能而无机械运动构件的，输入和输出隔离的一种继电器。

（3）温度继电器：当外界温度达到给定值时动作的继电器。

（4）舌簧继电器：利用密封在管内、具有触电簧片和衔铁磁路双重作用的舌簧动作来开、闭或转换线路的继电器

（5）时间继电器：当加上或除去输入信号时，输出部分需延时或限时到规定时间才闭合或断开其被控线路的继电器。

（6）高频继电器：用于切换高频、射频线路而具有最小损耗的继电器。

（7）极化继电器：有极化磁场与控制电流通过控制线圈所产生的磁场综合作用而动作的继电器。继电器的动作方向取决于控制线圈中流过的电流方向。

（8）其他类型的继电器：如光继电器，声继电器，热继电器，仪表式继电器，霍尔效应继电器，差动继电器等。

8.3.2　接触器

接触器如图8.10所示，广义上是指工业电中利用线圈流过电流产生磁场，使触头闭合，以达到控制负载的电器。接触器可快速切断交流与直流主回路和可频繁地接通由大电流控制（达800A）电路的装置，所以经常运用于电动机作为控制对象，也可用作控制工厂设备、电热器、工作母机和各样电力机组等的电力负载，接触器不仅能接通和切断电路，而且还具有低电压释放保护作用。接触器控制容量大，适用于频繁操作和远距离控制，是自动控制系统中的重要元件之一。

图8.10　接触器

接触器分为交流接触器（电压AC）和直流接触器（电压DC），它应用于电力、配电与用电场合。按主触点连接回路的形式分为：直流接触器、交流接触器。按操作机构分为：电磁式接触器、永磁式接触器。永磁交流接触器是利用磁极的同性相斥、用永磁驱动机构取代传统的电磁铁驱动机构而形成的一种微功耗接触器。直流接触器的工作原理跟温度开关的原理有点相似。

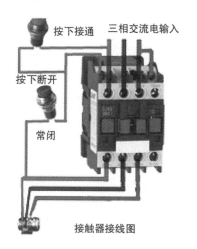

接触器接线图

图8.11　接触器接线图

当接触器线圈通电后，线圈电流会产生磁场，产生的磁场使静铁芯产生电磁吸力吸引动铁芯，并带动交流接触器动作，常闭触点断开，常开触点闭合，两者是联动的。当线圈断电时，电磁吸力消失，衔铁在释放弹簧的作用下释放，使触点复原，常开触点断开，常闭触点闭合。接触器接线如图8.11所示。

8.3.3　低压断路器

低压断路器又称自动空气开关或自动空气断路器，简称断路器。它是一种既有手动开关作用，又能自动进行失压、欠压、过载和短路保护的电器。它可用来分配电能，不频繁地启动异步电动机，对电源线路及电动机等实行保护，当它们发生严重的过载或者短路及欠压等故障时能自动切断电路，其功能相当于熔断器式开关与过欠热继电器等组合，具有过载和短路保护功能。而且在分断故障电流后一般不需要变更零部件，已获得了广泛的应用。

（1）过载长延时保护。采用热动式（双金属元件）作过载长延时保护时，其动作源为I2R，交流的电流有效值与直流的平均值相等，因此不需要任何改制即可使用。但对大电流规格，采取电流互感器的二次侧电流加热者，则因互感器无法使用于直流电路而不能使用。如果过载长延时脱扣器是采用全电磁式（液压式，即油杯式），则延时脱扣特性要变化，最小动作电流要变大110%~140%，因此，交流全电磁式脱扣器不能用于直流电路（如要用则要重新设计）。

（2）短路保护。热动-电磁型交流断路器的短路保护是采用磁铁系统的，它用于经滤波后的整流电路（直流），需将原交流的整定电流值乘上一个1.3的系数。全电磁型的短路保护与热动电磁型相同。

拓展 – 断路器故障分析

8.3.4　其他各类开关

1. 转换开关和按钮开关

转换开关是一种可供两路或两路以上电源或负载转换用的开关电器。转换开关由多节触头组合而成，在电气设备中，多用于非频繁地接通和分断电路。接通电源和负载，测量三相电压以及控制小容量异步电动机的正反转和星-三角启动等，这些部件通过螺栓紧固为一个整体。

转换开关的接触系统是由数个装嵌在绝缘壳体内的静触头座和可动支架中的动触头构成。动触头是双断点对接式的触桥，在附有手柄的转轴上，随转轴旋至不同位置使电路接通或断开。定位机构采用滚轮卡棘轮结构，配置不同的限位件，可获得不同档位的开关。转换开关由多层绝缘壳体组装而成，可立体布置，减小了安装面积，结构简单、紧凑，操作安全可靠。

转换开关可以按线路的要求组成不同接法的开关，以适应不同电路的要求。在控制和测量系统中，采用转换开关可进行电路的转换。例如电工设备供电电源的倒换，电动机的正反转倒换，测量回路中电压、电流的换相等。用转换开关代替刀开关使用，不仅可使控制回路或测量回路简化，并能避免操作上的差错，还能够减少使用元件的数量。

按钮开关是指利用按钮推动传动机构，使动触点与静触点接通或断开并实现电路换接的开关。按钮开关是一种结构简单，应用十分广泛的主令电器。在电气自动控制电路中，用于手动发出控制信号以控制接触器、继电器、电磁启动器等。按钮开关是一种按下即动作、释放即复位的用来接通和分断小电流电路的电器。一般用于交直流电压440V以下、电流小于5A的控制电路中，一般不直接操纵主电路，也可以用于互联电路中。在实际的使用中，为了防止误操作，通常在按钮上做出不同的标记或涂以不同的颜色加以区分，其颜色有红、黄、蓝、白、黑、绿等。一般红色表示"停止"或"危险"情况下的操作；绿色表示"启动"或"接通"。急停按钮必须用红色蘑菇头按钮。按钮必须有金属的防护挡圈，且挡圈要高于按钮帽，防止意外触动按钮而产生误动作。安装按钮的按钮板和按钮盒的材料必须是金属的并与机械的总接地母线相连。

转换开关与按钮开关如图8.12所示。

图8.12　转换开关和按钮开关

2. 限位开关

限位开关又称行程开关，可以安装在相对静止的物体（如固定架、门框等，简称静物）上或者运动的物体（如行车、门等，简称动物）上。当动物接近静物时，开关的连杆驱动开关的接点引起闭合的接点分断或者断开的接点闭合。由开关接点开、合状态的改变去控制电路和电机，如图8.13所示。其构造主要由操作头、触点系统和外壳组成。它是利用生产机械运动部件的碰撞使其触头动作来实现接通或分断控制电路，达到一定的控制目的。通常，这类开关被用来限制机械运动的位置或行程，使运动机械按一定位置或行程自动停止、反向运动、变速运动或自动往返运动等。在电气控制系统中，限位开关的作用是实现顺序控制、定位控制和位置状态的检测，用于控制机械设备的行程及限位保护。

限位开关有接触式和非接触式，接触式为以机械行程直接接触驱动，作为输入信号的行程开关和微动开关；非接触式以电磁信号作为输入动作信号的接近开关。接触式比较直观，机械设备的运动部件上安装上行程开关，与其相对运动的固定点上安装极限位置的挡块。当行程开关的机械触头碰上挡块时，切断了控制电路，机械设备就停止运行。由于机械设备的惯性运动，这种行程开关需要有一定的"超行程"以保护开关不受损坏。非接触式限位开关常见的形式有干簧管、光电式、感应式等，其中，磁感应式接近开关是利用磁感应发生器作探头来检测被测物体的工作状态，从而控制继电器动作，具有体积小、惯性大、动作快等优点。

限位开关及其在电气系统的连接示意图如图8.13所示。

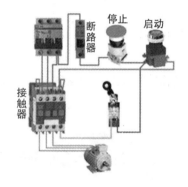

图8.13　限位开关及其在电气系统的连接

限位开关是一种常用的小电流主令电器。利用生产机械运动部件的碰撞使其触头动作来实现接通或分断控制电路，达到一定的控制目的。通常，这类开关被用来限制机械运动的位置或行程，使运动机械按一定位置或行程自动停止、反向运动、变速运动或自动往返运动等。在电气控制系统中，限位开关的作用是实现顺序控制、定位控制和位置状态的检测，也用于控制机械设备的行程及限位保护。其构造由操作头、触点系统和外壳组成。

3. 电动机综合保护器

电动机综合保护器采用先进的微机技术与高性能的集成芯片，整机功能强大、性能优越。测试精度高，线性度好，分辨率高，整机抗干扰能力强，保护动作可靠。三相电流值、电压值及各类故障代号，显示于LED、LCD上，直观清晰。稳定性好，长期工作无须维护。

电动机综合保护器将断路器、接触器、启动器、隔离器、热继电器、漏电保护器等分离电器元件的主要功能综合为一体，具有多种功能，除了具有通用的保护功能外，还有自启动、通信启动和关闭，且欠流、过压、欠压、三相电流不平衡、自启动等功能用户可取可舍；设置功能，智能型有设置键、数据键和移位键，当设置超范围会提醒用户重新设置，避免误动作；基本型通过拨码或电位电器设定；报警功能，当电动机过流灯闪烁报警，过流倍数越大，闪烁越快，或用保护器的接点外置报警器；显示功能，保护器通电后按设置键显示整电电流值，按数据键显示三相电流值。启动后显示故障代码且对应的故障指示灯亮，一目了然；通信功能，通过串行数字接口实现信息传送，一台上位机（PC）可接256台保护器，并可对每台电机进行参数设定、启停操作，便于自动化管理。

案例－某住宅地源热泵地板辐射供暖系统电气故障诊断

8.4 暖通空调电气控制系统运行节能装置

8.4.1 电动蝶阀

电动蝶阀属于电动阀门和电动调节阀中的一个品种。结构上主要由阀体、阀杆、蝶板、密封圈和电动装置组成。阀体呈圆筒形，轴向长度短，内置蝶板。电动装置一般由下列部分组成：专用电动机，特点是过载能力强、启动转矩大、转动惯量小，能够短时、断续工作；减速机构，用以减低电动机的输出转速；行程控制机构，用以调节和准确控制阀门的启闭位置；转矩限制机构，用以调节转矩（或推力）并使之不超过预定值；手动、电动切换机构，进行手动或电动操作的联锁机构；开度指示器，用以显示阀门在启闭过程中所处的位置。

电动蝶阀连接方式主要有：法兰式和对夹式。电动蝶阀密封形式主要有：橡胶密封和金属密封。电动蝶阀通过电源信号来控制蝶阀的开关。该产品可用做管道系统的切断阀、控制阀和止回阀。附带手动控制装置，一旦出现电源故障，可以临时用手动操作，不至于影响使用。

蝶阀的蝶板安装于管道的直径方向。在蝶阀阀体圆柱形通道内，圆盘形蝶板绕着轴线旋转，旋转角度为0°~90°，旋转到90°时，阀门则处于全开状态。蝶阀结构简单、体积小、重量轻，只由少数几个零件组成。而且只需旋转90°即可快速启闭，操作简单，同时该阀门具有良好的流体控制特性。蝶阀处于完全开启位置时，蝶板厚度是介质流经阀体时唯一的阻力，因此通过该阀门所产生的压力降很小，故具有较好的流量控制特性。

常用的电动蝶阀有对夹式电动蝶阀和法兰式电动蝶阀两种。对夹式电动蝶阀是用双头螺栓将阀门连接在两管道法兰之间，法兰式电动蝶阀是阀门上带有法兰，用螺栓将阀门上两端法兰连接在管道法兰上。在安装时，阀瓣要停在关闭的位置上，开启位置应按蝶板的旋转角度来确定。带有旁通阀的蝶阀，开启前应先打开旁通阀。

电动蝶阀外形及结构示意图如图8.14所示。

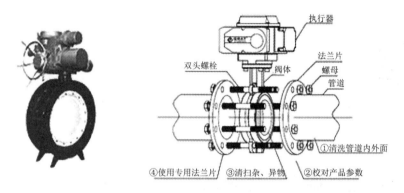

图8.14　电动蝶阀外形及结构示意图

8.4.2　温控器

温控器是指根据工作环境的温度变化，在开关内部发生物理形变，从而产生某些特殊效应，产生导通或者断开动作的一系列自动控制元件，也叫温控开关、温度保护器、温度控制器。通过温度保护器将温度传到温度控制器，温度控制器发出开关命令，从而控制设备的运行以达到理想的温度及节能效果。其工作原理是通过温度传感器对环境温度自动进行采样、即时监控，当环境温度高于控制设定值时控制电路启动，可以设置控制回差。如温度还在升，当升到设定的超限报警温度点时，启动超限报警功能。当被控制的温度不能得到有效的控制时，为了防止设备的毁坏还可以通过跳闸的功能来停止设备继续运行，如图8.15所示。

控制方法一般分为两种；一种是由被冷却对象的温度变化来进行控制，多采用蒸气压力式温度控制器，另一种由被冷却对象的温差变化来进行控制，多采用电子式温度控制器。其采用的模糊控制技术如PID控制，即P（Proportional，比例）+I（Integral，积分）+D（Differential，微分控制）。

压力式温控器通过密闭的内充感温工质的温包和毛细管，把被控温度的变化转变为空间压力或容积的变化，达到温度设定值时，通过弹性元件和快速瞬动机构，自动关闭触头，以达到自动控制温度的目的。它由感温部、温度设定主体部、执行开闭的微动开关或自动风门等三部分组成。压力式温控器适用于制冷器具（如电冰箱、冰柜等）和制热器等场合。

电子式（电阻式）温度控制器是采用电阻感温的方法来测量的，一般采用白金丝、铜丝、钨丝以及热敏电阻等作为测温电阻，这些电阻各有其优缺点。一般家用空调大都使用热敏电阻式。电子式温度控制器具有稳定，体积小的优点，在越来越多的领域中得到使用。

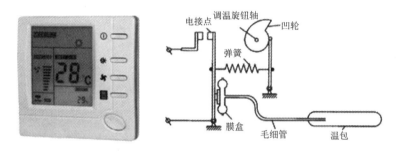

图8.15 温控器外形及原理图

数字电子式温度控制器是一种精确的温度检测控制器，可以对温度进行数字量化控制。温控器一般采用NTC热敏传感器或者热电偶作为温度检测元件，它的原理是：将NTC热敏传感器或者热电偶设计到相应电路中，NTC热敏传感器或者热电偶随温度变化而改变，就会产生相应的电压电流改变，再通过微控制器对改变的电压电流进行检测、量化显示出来，并做相应的控制。数字温度控制器具有精确度高、灵敏度好、直观、操作方便等特点。

本章小结

本章主要讲述暖通空调系统相关电气系统的运行调节，重点分析了电机和变频器的种类、特性和节能应用，对低压电器在系统中的应用进行了分析说明，并结合工程实际案例进行拓展训练。

达成评价

学习成果	自我评价
我熟悉了电机的特性及运行能效评价	□很好 □较好 □一般 □较差 □很差
我明白了变频器的运行调节方法	□很好 □较好 □一般 □较差 □很差
我初步掌握了低压电器在系统中的应用	□很好 □较好 □一般 □较差 □很差
我理解了工程案例中电气系统运行常见问题	□很好 □较好 □一般 □较差 □很差

习题与讨论

一、单选题

1. 电动蝶阀的内部电路不包括：

 A. 力矩开关起过热保护器作用

 B. 限位开关

 C. 阀门上接线端子可以输出全开、全关干触点信号至DDC控制器

 D. 标配的加热器

2. 关于采用异步电机的冷水机组的启动方式的说法，错误的是：

 A. 冷水机组直接启动时将产生6~8倍的额定电流

 B. 根据供电变压器容量，在启动电流对电网造成的电压降不超过允许值时，优先采用直接启动

 C. 星-三角启动，为减小启动电流，启动时定子绕组三角形连接，启动后星形连接

 D. 软启动器实际上是个调压器，输出只改变电压不改变频率；变频器具有所有软启动器功能

3. 关于永磁同步交流电机的说法，错误的是：

 A. 无需励磁电流，没有励磁损耗，提高了电机的效率和功率密度

 B. 具有体积小、效率高、功率因数高、启动力矩大、力学指标好和温升低的优点

 C. 有变频启动和异步启动两种方式

 D. 永磁同步电机启动电流比额定电流小

4. 关于直流无刷电机的说法，错误的是：

 A. 直流变频实质就是直流调速技术

 B. 直流无刷电机由永磁同步电机和驱动器（控制电路）组成

 C. 控制电路将三相或单相交流电源整流后变成直流，再由逆变器转换成频率可调的交流电

 D. 直流无刷电动机的励磁来源于电网的励磁电流

5. 关于三相异步电动机的工作特性，说法错误的是：

 A. 异步电动机的工作特性是指定子电压和频率额定时，功率因数、效率与输出功率的关系

B. 电机损耗表现为电机温升发热

C. 电机轻载时功率因数较低，效率较高

D. 电机损耗包括可变损耗和不变损耗

6. 以下关于功率因素的说法，错误的是：

A. 功率因数是指电压与电流之间相位差的余弦值

B. 在数值上，功率因数等于有功功率和视在功率的比值

C. 无功功率就是无用功，因为它不能对外做功

D. 没有无功功率，电机就不能转动

7. 以下关于电机转子的说法，错误的是：

A. 转子均由转子铁芯、转子绕组、转轴及固定在转轴上的散热风扇组成

B. 调节变阻器电阻可以改善电机启动性能和调节电机转速

C. 笼型电机结构复杂、价格高

D. 暖通空调领域常用笼型电机

8. 以下不属于无转差损耗（高效）的调速方法是：

A. 电磁耦合调速

B. 变级调速

C. 变频调速

D. 斩波内馈调速

二、多选题

1. 关于变频器的类别，正确的有：

A. 根据变流环节不同分为交-直-交变频器和交-交变频器

B. 根据平波电路总滤波方式不同分为电压型变频器和电流型变频器

C. 根据输入电源的相数分为三进三出变频器和单进三出变频器

D. 暖通空调的泵与风机常常单机拖动、频繁加减速运行，其变频器适合采用电容器作为储能元件的电压型变频器

2. 关于低压断路器，以下说法正确的是：

A. 低压断路器又称为自动空气开关

B. 主要用来控制不频繁启动的电机

C. 具有闸刀开关、热继电器及漏电保护器部分或全部功能

D. 同时具有过载、短路和欠电压保护等功能

3. 关于变频电机的描述，正确的有：

A. 变频器对电机的效率有影响，温升导致效率降低

B. 变频器供电产生的谐波电磁导致噪声和振动

C. 绝缘等级要求更高

D. 低速运行时冷却状况更好

4. 关于单相异步电机的说法，正确的有：

A. 单相电机一般指单相交流电源（AC220V）供电的小功率异步电动机

B. 定子上只有一相绕组

C. 常用于风机盘管、部分电动蝶阀、排气扇和家用分体空调的电机

D. 转子采用笼型转子

5. 关于电机的防护等级，说法正确的有：

A. 防护等级IP是进入防护的简称，包括防尘、防水和防碰撞程度等

B. 防护等级IP后的两个数字分别代表防止固体异物进入的等级和设备防水的程度

C. 防水等级4表示每个方向对准柜体喷水都不引起损害

D. 防尘等级最高为6级

6. 关于电机定子的说法，正确的有：

A. 定子由定子铁芯、定子绕组和机座三个主要部分组成

B. 大、中容量的高压电动机的绕组常常结成星形

C. 在电机的接线盒中，把上下两个头垂直连接，分别引出三根线的连接是星形连接

D. 中、小容量的低压电动机根据需要可以星形或三角形连接

7. 以下关于电机的说法，正确的有：

A. 在暖通空调系统中，电机属于被控对象

B. 电机包括电路、磁路及力学平衡系统

C. 交流电机分为同步电机和异步电机

D. 暖通空调系统泵与风机用的最多的电机是Y系列三相异步电机

8. 关于变频泵组合运行方案的分析，正确的说法有：

A. 水泵联合运行的前提是充分发挥单台泵变频调速

B. 冷热源"一对一"设置循环泵比一组并联水泵共同承担冷热源系统循环更容易实现稳定运行

C. 水泵变频调速时，可不考虑效率影响，频率越低节能效益越显著

D. 建筑给水系统多采用多泵并联恒压控制，常用单台变频多台并联运行

9. 以下关于变频调速的说法，正确的有：

A. 具有调速过程转差率小、转差损耗小的优点

B. 在变频的同时，电源电压可以根据负载大小进行调节

C. 可以在额定电流以下启动电机

D. 水泵、风机等轻负载的系统多采用交-交变频器，而低速大容量拖动系统采用交-直-交变频器

10. 关于水泵变速的不同控制方式的运行能耗对比，正确的说法有：

    A. 干管压差控制时水泵能耗最高

    B. 温差控制水泵能耗最低

    C. 相对于传统的节流调节，温差控制和压差控制都能降低水泵运行能耗

    D. 不同控制方式的节电率都随系统流量的减少而减小

三、判断题

1. 电流型变频器的储能元件采用电感线圈，经逆变器输出的交流电压波形接近正弦波。

2. 一个温控器不宜控制两台风机盘管。

3. 直流无刷电机的调速是通过脉宽调制来实现输出电流的改变的。

4. 风机盘管采用单相交流异步电机进行三档调速，就是通过定子槽内绕组接通数量来改变定子极对数，从而实现对电机转速的控制。

5. 在视在功率不变的情况下，功率因数越高，无功功率就越小，供电设备容量利用越充分，供电设备和线路损耗就越小。

6. 在中央空调系统中，大口径的电动蝶阀采用三相异步电机，通过控制电机正转和反转控制阀门开闭。

四、简答题

请简要叙述电动机的控制过程。

第9章　暖通空调系统监测与控制

本章 PPT

教学说明

　　本章以暖通空调自动化系统运行管理为对象，基于暖通空调系统的整体特性和动态运行特征，围绕暖通空调系统自动化集成化管理这一中心，结合工程案例对典型暖通空调系统的集成管理内容进行分析，介绍暖通空调系统如何应用大数据、云平台、物联网进行智慧化运营的技术路径和发展方向，推荐课内讲授3~4学时。

学习目标

　　（1）了解暖通空调系统过程特性与自动控制原则；

　　（2）熟悉暖通空调自动控制系统监控仪表及主要设备控制逻辑；

　　（3）理解暖通空调系统集成控制方法及能效监测平台运行；

　　（4）了解物联网及信息技术在暖通空调节能运行管理中的应用。

🎓 导入语

　　应用现代计算机技术、自动控制技术、系统集成技术等，对暖通空调系统运行进行优化控制以提高系统能源利用效率，需要自动化控制装置及相应系统。建筑设备自动化系统，又称为楼宇自动化系统（简称BAS），是智能建筑最基本、最重要的组成部分，可实现对建筑物或建筑群内的电力、照明、空调、给排水、防火、安全防范、车库管理等设备或系统的集中监视、控制和管理。BAS有广义和狭义之分，狭义BAS，通常称之为建筑设备监控系统；广义BAS则是在狭义BAS的基础上增加火灾自动报警与消防联动系统（简称消防系统）和安全防范系统（简称安防系统）。在智能建筑系统中，通常建筑设备监控系统、消防系统和安防系统这三个相对独立的子系统，通过综合布线系统（简称GCS），与上层建筑设备管理系统（Building Management System，BMS）相连，由BMS对大厦内所有实时监控系统实行集成监控、联动和管理。

　　暖通空调系统自动化是一门跨学科的技术，包含建筑、热工、设备、电工电子、计算机、网络、控制原理、过程控制等内容。系统运行策略是暖通空调系统工程师提出的，是综合考虑系统的参数指标要求、实现方案、节能及经济性等方面后确定的。系统运行策略的提出需要具备丰富的建筑、热工、设备方面的知识。系统的控制策略是系统控制工程师提出的，是采用怎么样的一个控制策略实现暖通空调系统工程师所提出的运行方案。系统的控制策略的提出需要具备丰富的计算机、网络、自控理论、过程方面的知识。

对于现代民用建筑——如高级酒店、写字楼、商业购物中心及综合建筑楼群的迅速发展，暖通空调系统设备及其控制技术的发展起到极大的促进作用。这些大型民用建筑的共同特点是：功能复杂多样，空调系统及设备分布广泛，维护管理工作量较大，空调系统能耗较多，室内环境品质要求比较高等。相应地，这类建筑对暖通空调系统自动控制提出越来越多的要求。

9.1 暖通空调自动控制系统概述

9.1.1 建筑自动化控制系统的设置原则

1. 保证人体的舒适性

民用建筑空调系统，是以满足一定的人体舒适性为基本要求的，因此，舒适性也是空调自动控制系统设置时要考虑的首要原则。通过设置适当的控制系统，应能使空调系统保证各种场所的设计标准，如合理的温度、湿度、新风量等人体舒适性指标。

2. 节省能源

在满足必要的设计标准下尽可能节省能源，是空调自动控制系统的一个主要目标。节能与经济性是有关的，如何做到较少的投入而更多的节能，是评价自动控制系统设计优劣的一个重要依据，所以，设计空调自动控制系统时，进行适当的经济技术的比较是必要的。

3. 科学运行管理

关于运行管理，有多方面的含义，既包括空调系统，也包括自动控制系统。

（1）设备的安全运行。一些空调设备（如冷水机组、水泵、风机等），必须在规定的范围内运行，超过规定的范围，将会导致其运行工况恶化，降低使用寿命，甚至对设备造成严重破坏。因此，如何保证空调设备的正常及安全运行，是自动控制系统要解决的一个重要问题。

（2）节省人力。由于空调设备分布较广，运行管理全部由人工进行需要相当多的人工及投入极大的工作量，况且人工是无法随时控制室内参数的。设置自动控制系统的目的之一，就是在可能条件下，尽量减少人员的劳动操作强度，使运行管理更为方便。

（3）保证人员安全。一旦系统及设备出现故障，人员的安全是首要的，这一点在消防系统中更具有明显的特点。设置自动控制系统，可以及时判明并处理系统及设备故障。

（4）可靠性。可靠性是自动控制系统的基础。从目前情况看，空调自动控制系统的可靠性除与自动控制系统及其内部设备本身有关外，还与空调系统的设计密切相关。一些设有空调自动控制系统的建筑不能按要求正常运行的原因，主要是自动控制系统没有按空调系统的要求来设置，或者空调系统设计时没有考虑到其自动控制系统所能达到的能力。

9.1.2　暖通空调系统的过程特性

1. 多干扰性

空调系统在全年或全天的运行中，由于外部条件（如气温、太阳辐射、风、晴、雨、雪）和内部条件（如空调房间内设备，照明的启、停和投入运行数量的变化，以及工作人员的增、减等）的变化，都将对运行中的空调系统形成干扰。因而，空调系统具有多干扰性。

空调系统在运行过程中将会受到如下的热干扰：

（1）太阳辐射。通过空调房间的外窗进入室内的太阳辐射热，将会受到天气阴、晴变化的影响。

（2）室外空气温度。由于室内外的温差的变化而引起室内外热量传递的变化，形成对空调房间内温度的影响。

（3）室外空气的渗透。室外空气通过空调房间的门、窗缝隙进入室内造成对室内温度的影响。

（4）新风。为了满足室内卫生需要和正压及排风等因素，而采入室外空气量的变化，造成对空调房间内温度的干扰。

（5）由于空调房间内照明、电热及机电设备的开启、停止，以及投入使用数量的变化，室内工作人员的增、减等都会直接影响到室内温度的变化。

（6）位于空调房间送风口之前的电加热器电压的波动，热水加热器使用的热水温度、流量的变化，蒸汽加热器所使用的饱和水蒸气压力、流量的变化也将直接影响到空调房间内温度的变化。

空调系统在运行中受到的湿干扰包括：

（1）对于定露点空调系统，由于空调系统在运行过程中，可能会由于进入水冷式表面冷却器内的冷水温度或压力或两者的变化，或由于直接蒸发式表面冷却器内蒸发压力的变化，或由于喷水室的喷水温度、压力的波动，或由于一次混合后空气温度的变化等，都会使空调系统的机器露点温度发生变化，从而干扰了系统的机器露点，也就影响到空调房间内所要求的空气湿度参数。

（2）室内散湿量的变化，如不恰当地使用沾水拖布对空调房间进行清洁处理后的一段时间内地面水分的蒸发，或由于其他过量的湿操作等都会造成空调房间内湿度的变化。

（3）空调房间内吸湿产品的突然增加或减少都会使空调房间内的湿度发生变化。

（4）由于室外天气的变化，如雨、雪天气而使室外空气湿度的突然增加，湿度过大的室外空气通过空调房间的门、窗对室内的渗透等都会对空调系统中的调节对象造成干扰。

以上各种干扰使空调负荷在较大的范围内波动。而它们进入系统的位置、形式、幅值大小和频繁程度等皆随空调房间的结构、用途的不同而不同，同时还与空气处理设备的优劣有关。因此，在空调的控制系统的设计时需考虑这些因素，尽量减少造成干扰的条件。

2. 温、湿度的相关性

在空调的控制中，大多数情况下主要是对空调房间内温度和相对湿度的控制，这两个参数常常是在一个调节对象里同时进行调节的两个被调量。两个参数在调节过程中既相互制约又相互影响。如果由于某些原因使空调房间内温度升高，引起空气中水蒸气的饱和分压力发生变化，在含湿量d不变的情况下，就引起了室内相对湿度的变化。例如在夏季，采用表面冷却器对空气进行降温去湿处理时，开大冷水阀使相对湿度控制在要求范围内，但如果不进行送风的再热处理时，则会使送风温度过低。这种相互影响、互相牵制、关联即表现为温度、湿度的相关性。

3. 具有多工况运行及转换控制

由于空调系统是在全年的室内外条件变化下按照一定的运行方式（即工况）进行调节的。同时，在室内外条件发生显著变化时要适时地改变运行调节方式，即进行运行工况的转换，在工况转换方面有利用自动控制系统的自动转换方式，也有根据室内外的条件及运行状态进行人工手动的切换。由于多工况运行及相互转换方式的调节，使全年运行的空调系统空气处理更合理、更方便，充分发挥空气处理设备的能力，同时又能节约一定的能量。

4. 控制的整体性

空调的自动控制系统一般是以空调房间内的温度和相对湿度为控制中心，通过工况的转换与空气的处理过程，使每个环节紧密联系在一起的整体控制系统。空调系统中的空气处理设备的启、停都要根据系统的工作程序、按照有关的操作规程进行，处理过程中的各个参数的调节及联锁控制都不是孤立进行的，而是与室内的温度、湿度密切相关的。空调系统在运行过程中，任何环节出现问题，都将直接影响空调房间内的温度、湿度的调节效果，甚至使系统无法工作而停运。因此，空调自动控制是一个整体不可分的控制系统。

9.1.3 暖通空调系统自动控制主要内容

空调机组是空调系统中的一种常见设备，其控制是空调自动控制系统的重点内容之一，从内容上主要包括有温度控制、湿度控制、风阀控制及风机控制等。由于空调机组有各种不同的功能，其控制上也应有所不同，但有两点原则应该是相同的：第一，无论何种空调机组，温度控制时，一般来说都应采用PI型以上的控制器，其调节水阀应采用等百分比型阀门；第二，控制器与传感器既可分开设置，也可合为一体，当分开设置时，一般传感器设于要求控制的位置（或典型区域），而控制器为了管理方便设于该机组所在的机房内。

1. 自动监测及控制

空调系统中，需要监测及控制的参数有：风量、水量、压力或压差、温度、湿度等，监测及控制这些参数的元件包括：风量及水量传感器、压力或压差传感器、温度传感器、湿度传感器、执行器（包括电动执行器、气动执行器、电动风阀、电动水阀等）以及各种控制器等。实际工程中，应具体分析和采用上述全部或部分参数的监测和控制。

2. 工况自动转换

对全年运行的空调系统而言，全年运行工况的合理划分和转换是空调系统节能的一个重要手段，但是，这些分析必须由设备进行自动的比较和切换来完成，用人工是不可能做到随时合理转换的。比如，即使是在夏天，在一天24小时的运行中，空调系统仍有可能出现过渡季情况，而空调专业中所提及的过渡季绝不是人们通常所说的春秋季节，因此，只能靠自动控制系统的随时监测来判定及自动转换。

3. 设备的运行台数控制

这一点主要针对冷水机组（或热交换器）及其相应的配套设备（如水泵、冷却塔等）而言的。对于不同的冷或热量需求，应采用不同台数的机组联合运行以达到设备尽可能高效运行及节能的目的。在二级泵系统中，根据需水量进行次级泵台数控制（定速次级泵）或变速控制（变速次级泵）；在冷却水系统中，根据冷却回水温度控制冷却塔风机的运行台数等，都属于设备台数控制的范围。

在多台设备的台数控制中，为了延长使用寿命，还应根据各台设备的运行时间小时数，优先启动运行时间少的设备。

4.设备联锁、故障报警

设备的联锁通常和安全保护是相互联系的，除减轻人员的劳动强度外，联锁的一个主要目的还是用于设备的安全运行保护上的。如冷水机组的运行条件是水泵已正常运行，水流量正常时才能启动；空调机组（尤其是新风空调机组）为防止盘管冬季冻裂，要求新风阀、热水阀与风机联锁等。

当系统内设备发生故障时，自动控制系统应能自动检测故障情况并及时报警，通知管理人员进行维修或采取其他措施。

5.集中管理

空调设备在建筑内分布较广时，对每台设备的启停集中在中央控制室运行，这样可减少人力，提高工作效率，因此，集中管理从某个方面来看主要就是指远距离对设备进行控制。当然，设备的远距离控制应与就地控制相结合，在设备需要检修时，应采用就地控制方式，这时远距离不能控制，以免对人员的安全产生危险的影响。

6.与消防系统的配合

空调通风系统中，有许多设备的控制既与空调使用要求有关，又与消防有一定关系（如排风兼排烟风机），如何处理好它们之间的关系，需要各专业设计人员进行认真的研究并和消防主管部门取得协商一致的意见。

9.2 暖通空调集成控制系统

暖通空调DDC控制系统可以完成自控的基本要求，但由于系统末端设备数量众多且分散布置，就需要通过网络把所有的DDC控制器集成，增加上位机，通过远程监控现场参数和设备运行状态，还可以远程设定参数、记录历史数据、故障监视和自动报警等，从而形成中央自控系统。

如图9.1所示，暖通空调自控系统与给排水系统、公共照明系统及电梯系统自控集成，从而形成建筑设备监控系统（BAS），作为楼宇集成设施管理系统（BMS）主要部分。在建筑设备监控系统中，暖通空调设备占绝大部分比例。该系统由监控中心计算机、分布在建筑各处的DDC控制器、现场仪表及通信网络4个部分组成，主要应用目的是优化建筑物内建筑设备运行状态，节省建筑设备能耗，提高建筑设备自动化监控与管理水平，为建筑使用者营造良好的室内环境品质，同时提高运行管理效率，降低运行费用。

暖通空调（HVAC）系统是智能建筑创造舒适、高效的工作和生活环境不可缺少的重要环节。在智能建筑中，空调系统的耗电量占全楼总耗电量的 50% 左右，而其监控点数量常常占全楼监控点总数的 50% 以上。在有的大型建筑中，中央空调系统占建筑设备监控系统BAS的监控点位80%以上。由此可见，空调系统的自动控制在建筑设备自动化系统（BAS）中占有十分重要的地位。实现空调系统的最优化控制，在最大限度上实现空调系统的经济运行，降低运行费用具有十分重要的意义。

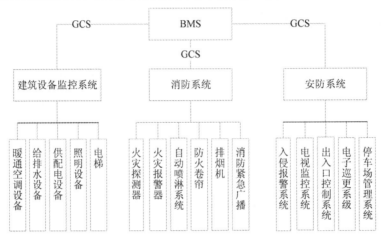

图9.1　楼宇集成系统（BMS）的监控范围

图9.2中，五个循环使空调的冷负荷从室内转移到室外，实现热量逆向传递的过程。图中末端风机由空调机组、新风机组、风机盘管等设备构成。图中冷冻水泵、冷水机组、冷却水泵、冷却塔组成了冷源系统。

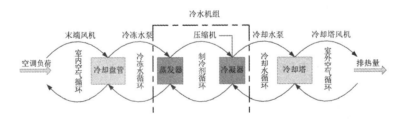

图9.2　中央空调系统监控对象范围

9.2.1　监控系统信号类型

楼宇自动化控制系统是一个智能化的控制管理系统，主要由一系列的控制器、传感器等组成，这些控制器与被控制的机电设备（如照明、水泵、风机、空调设备等）的信号主要有以下四类组成，如表9.1所示。

表 9.1 控制信号类型

序号	信号类型	符号	控制内容或参数
1	模拟量输入	AI	温度、湿度、压力、压差、流量、CO_2浓度、CO浓度、液位、电流、电压等传感器（由BAS提供）
2	模拟量输出	AO	电动阀门调节、变频调速装置等
3	数字量输入	DI	开关状态、故障报警、手/自动状态
4	数字量输出	DO	自动开关控制

BAS系统中数据类型包括以下几种：

通用型输入（UI）：电压信号0-10VDC；电流信号4-20mA；电阻信号0-2kΩ。通用输出（UO）：电压信号0-10VDC；电流信号4-20mA。数字量输入（DI）采用干节点保持输出模式；脉冲计数模式，100Hz；数字量输出（DO）采用24VAC/DC三端双向可控硅。模拟量输入（AO）：电压信号0-10VDC；电流信号4-20mA。可配置输出（CO）：电压信号0-10 VDC；继电器输出（RO）：120/240VAC。

9.2.2 中央空调系统主要设备运行控制

1. 组合式空调机控制内容及控制逻辑

对动力配电箱二次回路监控：运行状态、手自动状态、风机启停控制、三级电加热启停控制。对空调风柜安装传感器以及驱动器：风阀驱动器、水阀驱动器、温湿度传感器、CO_2传感器、压差开关等（按不同的控制需求，添加不同的传感器）。

控制逻辑：

（1）可根据时间表启动风机；

（2）可根据回风温度调节水阀开度从而调节送风温度；

（3）可根据CO_2浓度调节新风与回风比例；

（4）可根据回风湿度控制三级电加热除湿；

（5）可根据风机压差连锁保护风机；

（6）可根据滤网压差提供滤网堵塞报警。

空调风机控制点原理图如图9.3所示。

一次回风机组的控制内容通常包括：回风（或室内）温、湿度控制、防冻控制、再热控制及设备联锁等，控制原理如图9.4所示。

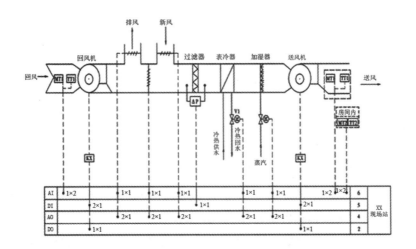

图9.3 双风机组合式空调机组控制点原理图

回风温度（或室温）控制。从控制方式上来看，一次回风空调机组与新风空调机组对温度的控制原理都是相同的，即通过测量被控温度值，控制水量或蒸汽量而达到控制机组冷、热量的目的，所不同的是温度传感器的设置位置。一次回风机组温感器一般设于典型房间区域，直接控制室温。但在许多工程中，为了方便管理，有时也把温感器设于机房内的回风管道之中。由于回风温度与室温是有所差别的，因此在这种情况下，通常应对所控制的温度设定值进行一定的修正。例如，对于从吊顶上部回风的气流组织方式，如果要求室温为24℃，则控制的回风温度可根据房间内热源情况及房间高度等因素而设定为24.5~25℃。

湿度控制。与温度控制相同，湿度传感器应优先考虑设于典型房间区域，或回风管道上。由于控制的是室内相对湿度（或回风相对湿度），且房间的湿容量比较大，因此，无论采用何种加湿媒介（蒸汽或水）以及何种控制方式（比例式或双位式），湿度传感器的测量值都是相对比较稳定的。因此，这时不必像新风空调机组那样过多地考虑自控元件的设置位置。

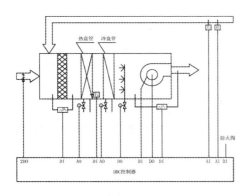

图9.4 一次回风空调机组DDC 控制原理图

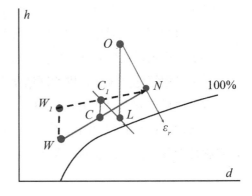

图9.5 采用循环水加湿时的温度控制

如果采用蒸汽加湿，其加湿段通常应设在加热盘管之后，采用高压喷雾、超声波加湿及电加湿时也应如此。

如果采用喷循环水加湿，由于加湿后空气温度会较低，因此，应先加湿后加热。但是当新风比较大时，混合点C点较低，这时循环水加湿的能力由于受到"机器露点"的限制，不容易满足要求。因此，混合后必须先将空气加热至C_1点再进行加湿，C_1点由"机器露点"的干球温度t_L来实现，如图9.5中的实线所示。可以先对新风进行预热至W_1点（由t_L控制此点），然后混合至C_1点再加湿。C_1点的确定方法：根据热负荷Q_r及热湿比ε_r确定送风点O，d_0线与$\varphi_2=80\%\sim85\%$的交点为L点，h_L线与d_c线的交点即为C_1点。W_1点的确定：N、C_1两点的连线的延长线与d_w相交的交点即为W点。

在双管制系统中，上述预热盘管通常只是冬季使用的，夏季则是利用再热盘管作为冷盘管。因此，在夏季使用时，预热盘管的控制应切除，加湿控制停止工作。

再热控制。在一些夏季热湿比比较小的系统中，由于考虑夏季除湿要求，冷盘管的处理点有可能无法落在ε_s线上（即ε_s线与φ_L线无交点，或者交点极低使普通7/12℃冷水无法做到），这时需要对冷却后的空气进行再热，防止室温过冷。如图9.6所示，这种系统在控制上较为复杂，可如下考虑：

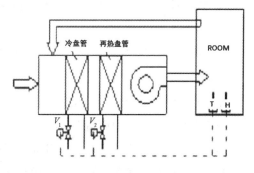

图9.6　再热盘管控制

在夏季，室内温度T和湿度H同时控制冷盘管阀V_1和再热盘管阀V_2。如果温、湿度均高于设定值，则开大V_1，关小V_2；若湿度高于设定值而温度低于设定值，则V_1、V_2均开大；若温度高于设定值而湿度低于设定值，则开大V_1，关闭V_2（显然，这时室内湿度偏小）；温、湿度均低于设定值时，则关小V_1直至V_1全关后若温度仍低于设定值时，打开V_2阀调再热量。

在冬季，由于这种系统通常反映出的是室内湿负荷较大，因此大多可不再考虑加湿问题，这时室温T直接控制热盘管（对两管制系统而言即是夏季的冷盘管电动阀V_1），当V_1阀全开而温度仍然过低时，开V_2阀调再热量。

防冻及联锁：并不是所有的一次回风机组都必须考虑运行防冻的措施。只有设有新风预热器的机组，或混合点（或加湿后的状态点）有可能低于0℃的机组，或者冬季过渡季要求作全新风运行且新风温度可能低于0℃的机组，才有必要考虑运行防冻问题。但是，在停止运行时，机组的防冻是必须考虑的。做法与新风机组基本相同。

防火控制：监视防火阀状态，一旦防火阀动作，立即自动停止送风机运行。

显示、报警：

（1）回风温度T_1及回风湿度H显示，高、低限时报警（湿度显示及报警仅冬季用）；

（2）风机运行状态显示，故障报警；

（3）防冻保护状态显示，防冻报警；

（4）过滤器状态显示，高限时报警；

（5）冷、热水阀阀位显示；

（6）加湿器及新风阀状态显示；

（7）防火阀状态显示，起火时报警；

（8）机组运行小时数记录。

再设定：回风温、湿度可由中央电脑及现场进行再设定。

拓展 – 变新风比全空气系统运行控制

2. 新风机（新风风柜）的监控内容及控制逻辑

控制逻辑：

（1）可根据时间表启动风机；

（2）可根据送风温度调节水阀开度从而调节送风温度；

（3）风阀与风机连锁启动，开风阀延时开风机，关闭风机时关闭风阀；

（4）可根据风机压差连锁保护风机；

（5）可根据滤网压差提供滤网堵塞报警。

图9.7为典型的新风机组。空气–水换热器夏季通入冷水对新风降温除湿，冬季通入热水对空气加热。干蒸汽加湿器则在冬季对新风加湿。对于这样一台新风机组，要用计算机进行全面监测控制管理。新风机组的控制通常包括有：送风温度控制、送风相对湿度控制、防冻控制、CO_2浓度控制以及各种联锁内容。如果新风机组要考虑承担室内负荷（如直流式机组），则还要控制室内温度（或室内相对湿度）。控制原理如图9.8所示。可以实现如下功能：

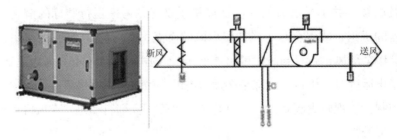

图9.7　新风机组及其结构示意图

（1）监测功能：检查风机电机的工作状态，确定是处于"开"还是"关"；测量风机出口空气温湿度参数，以了解机组是否将新风处理到要求的状态；测量新风过滤器两侧压差，以了解过滤器是否需要更换；检查新风阀状况，以确定其是否打开。

（2）控制功能：根据要求启/停风机；控制空气-水换热器水侧调节阀，以使风机出口空气温度达到设定值；控制干蒸汽加湿器调节阀，使冬季风机出口空气相对湿度达到设定值。

（3）保护功能：冬季当某种原因造成热水温度降低或热水停止供应时，为了防止机组内温度过低冻裂空气-水换热器，应自动停止风机，同时关闭新风阀门。当热水恢复供应时，应能重新启动风机，打开新风阀，恢复机组的正常工作。

（4）集中管理功能：一座建筑物内可能有若干台新风机组，这样就希望采用分布式计算机系统，通过通讯网将各新风机组的现场控制机与中央控制管理机相联。

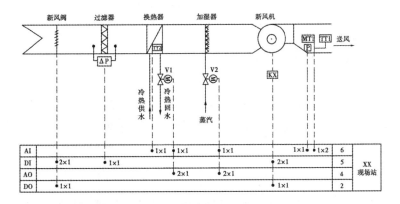

图9.8　新风空调机组DDC控制原理图

中央控制管理机应能对每台新风机组实现如下管理：显示新风机组启/停状况，送风温湿度，风阀水阀状态；通过中央控制管理机启/停新风机组，修改送风参数的设定值；当过滤器压差过大、冬季热水中断、风机电机过载或其他原因停机时，通过中央控制管理机报警。

具体控制内容包括以下几个方面：

联锁控制：

（1）机组设有程序自动、远距离键盘及现场手动等三种启停方式；

（2）控制元器件与风机进行电气联锁，其顺序为：先开水阀，再开风阀，最后启动送风机；

（3）冬、夏由自控系统进行工况转换。

夏季控制：送风温度T_1高于设定值时开大冷水阀，低于设定值时关小冷水阀。

冬季控制：

（1）送风温度T_1低于设定值时开大热水阀，高于设定值时关小热水阀；

（2）房间相对湿度H低于设定值时开加湿器，高于设定值时关加湿器。

防冻保护：

（1）运行过程中，盘管出口防冻开关T_3低于设定值时，停风机并开大热水阀；

（2）机组停止运行时，新风阀全关，防冻开关T_3仍按上述防冻要求正常工作。

防火控制：监视防火阀状态，一旦防火阀动作，立即自动停止风机运行。

显示、报警：送风温度T_1及室内温度T_2显示，高、低限时报警；冬季室内相对湿度H显示，高、低限时报警；风机运行状态显示，故障报警；防冻保护状态显示，防冻报警；过滤器状态显示，高限时报警；冷、热水阀阀位显示；加湿器及新风阀状态显示；防火阀的状态显示，火灾报警；机组运行小时数记录。

再设定：T_1、T_3及H均可由中央电脑及现场进行再设定；根据室内温度T_2对送风温度进行自动再设定（此方式适用于过渡季状态且机组设计出风焓值低于室内焓值的系统）。

9.2.3 风机盘管的运行控制

风机盘管控制系统包括：温控器、远程联网控制、三速风机控制、电动阀门开关控制和区域分组开关控制。风机盘管控制通常包括三部分内容：即风机转速控制、室内温度控制和风机温控，如图9.9所示。

1. 风机转速控制

目前几乎所有风机盘管所配电机均采用中间抽头方式，通过接线，可实现对其风机的高、中、低三速运转的控制。通常，三速控制是由使用者通过手动开关来选择的，因此也称为手动三速控制。

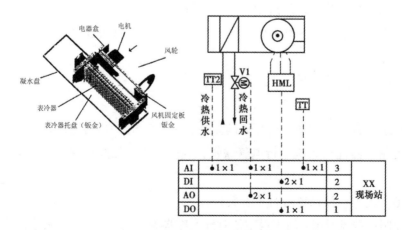

图9.9 风机盘管外形及控制原理

2. 室温控制

室温控制是一个完全的负反馈式温控系统，它由室温控制器T_1及电动水阀组成，通过调节冷、热水量而改变盘管的供冷或供热量，控制室内温度。大多数风机盘管都是冬、夏共用的，因此，在其温控器上设有冬夏转换的措施。当水系统为两管制系统时，电动阀为冬夏两用；当水系统采用四管制时，则应分开设置电动冷水阀和电动热水阀。冬夏转换的措施有手动和自动两种方式，应根据系统形式及使用要求来决定。对于两管制系统，则有以下三种常见做法：

第一种方法，在各个温控器上设置冬、夏手动转换开关，使得夏季时供冷运行，冬季时供热运行。当温控器为位式控制器时，它与冬、夏手动转换开关的接线如图9.10所示。

夏季状态时，如果室温过高，则温感元件θ_c向前动作后，使温控器接点1、2接通，电动水阀带电打开；当室温降低后，温感元件向后动作，使1、2接点断开，电动水阀失电后由弹簧复位而关闭。在冬季时，手动把转换开关拨向"W"档，其他动作过程与上述类似，但动作方向与夏季相反，即室温过高时关水阀，室温过低时开水阀。图9.10是目前最常用的一种对两管制风机盘管进行控制的方式。

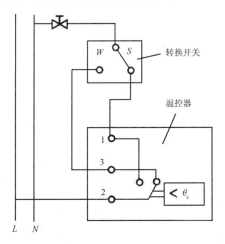

图9.10 风机盘管冬、夏手动转换控制原理

第二种方法是统一区域手动转换。对于同一朝向或相同使用功能的风机盘管，如果管理水平较高，也可以把转换开关统一设置，集中进行冬、夏工况的转换，这样各温控器上可取消供使用人操作的转换开关，这种方式对于某些建筑（如酒店等）的管理是有一定意义的，也可以避免前一种转换方式在使用中出现的使用人错误选择。但是，这种方式要求所有统一转换的风机盘管必须是同一电源，这需要与电气工种密切配合。

第三种方法是设置自动转换。如果使用要求较高，而又无法做到统一转换，则可在温控器上设置自动冬、夏转换开关。这种做法的首要问题是判别水系统当前工况，当水系统供冷水时，应转到夏季工况；当水系统供热水时，应转到冬季工况。一个较为可行的方法是在每个风机盘管供水管上设置一个位式温度开关（如图9.9中的T_2），其动作温度为：供冷水时12℃，供热水时30~40℃（根据热水温度情况设置），这样就可实现上述自动转换的要求。

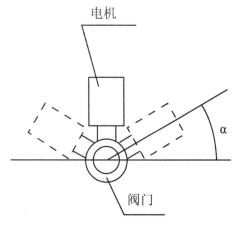

图9.11　电动水阀安装示意

风机盘管温控时，有位式控制和比例控制两种。前者特点是设备简单、投资少、控制方便可靠，缺点是控制精度不高；后者控制精度较高，但它要求温控器必须采用P或PI型功能，电动水阀也应采用调节式而不是双位式，因此投资相对较大。从目前的实际工程及产品来看，在小口径调节阀（DN15、DN20）中，其阀芯运动行程都只有10mm左右，因而其可调比不可能做得很大，使实际调节性能与位式阀相比优势并不特别突出；从另一方面来看，由于风机盘管是针对局部区域而设的，房间通常负荷较稳定，波动不大，且民用建筑对精度的要求不是很高，因此，一般的位式控制对于满足±（1~1.5）℃的要求是可以做到的，所以，大多数工程都可采用位式控制方式。只有极少数要求较高的区域，或者风机盘管型号较大时，才考虑采用比例控制。无论是何种控制方式，温控器都应设于室内有代表性的区域或位置，不应靠近热源、灯光及远离人员活动的地点。三速开关则应设于方便人操作的地点。

电动水阀安装时，为避免其凝结水滴入吊顶上，尽可能将其安装在风机盘管凝水盘上方。同时，电机应在阀的上方，可以允许一定的倾斜，但它与水平线必须保持一定的夹角α（α≥15°），如图9.11所示，以防止冷凝水流入电机。在酒店建筑中，为了进一步节省能源，通常还设有节能钥匙系统，这时风机盘管的控制应与节能钥匙系统协调考虑。

3. 风机温控

风机盘管系统中，风机温控是指采用室温控制器直接对风机盘管的风机启停进行自动控制。如夏季时，室温超过设定值时自动开启风机，低于时自动停止风机；冬季时动作相反。

这种方式取消了电动水阀，其结果与采用三通阀的情形相类似，它对于水系统的要求必然是定水量系统。这种控制方式，只适用于规模较小、冷水机组数量较少（不超过两台）且各末端同时使用系数较大的建筑，或在不要求设空调自动控制系统的较低使用要求的建筑中采用。

大型建筑物的加热和冷却系统常以水为主要媒介，通过空气处理单元的热交换器（盘管）传递能量。传统的控制方法是根据空间或空气处理器的温度成比例地调节水或空气的流量。当调节对象是水流量时，用控制阀调节。它可以最大限度地减小与HVAC系统其他部分的互动影响，减少运行成本，维持人的舒适度。

室温控制器是一个依赖于比例控制逻辑的简单装置。使用比例控制算法时，如误差增加，控制器的输出会改变水流量，通过热传递减小误差。盘管内的热交换过程是非线性的，典型的热、冷盘管的特性如图9.12、图9.13所示。图中曲线表明：盘管的特性随着空气流量、进水温度、温差、水流速和流图的变化而变化，盘管流量变20%时热传递的变化远远大于20%，达到将近60%。例如，减小水的温差会使早期响应变得很陡峭。水温差为3℃时，10%的流量会产生70%的热传递；水温差为9℃时，同样的流量只能产生35%的热传递。因此对每一个盘管都需要评估它的特性。

风机盘管传统采用温控面板进行控制，如需接入楼宇自控系统需换为可联网型的风机盘管专用控制器，该控制器一般提供BACnet或Modbus等标准协议接口，提供数据的读取与修改。一般可提供的监控参数有：送风温度、制冷制热切换、三级风速控制、启停控制（具体监控点根据该风机盘管控制器而定），如图9.14所示。

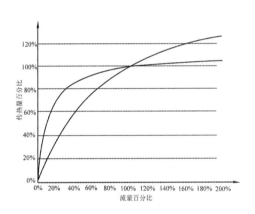

图9.12 典型的热盘管特性

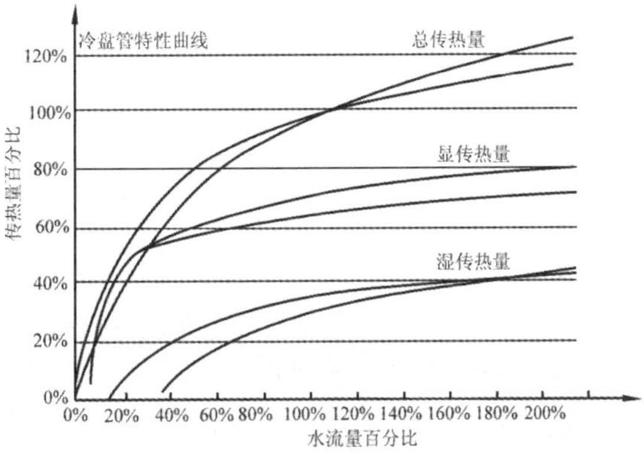

图9.13 典型的冷盘管特性

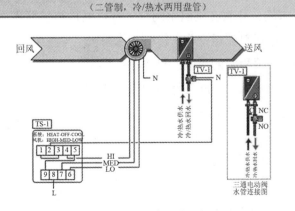

图9.14 风机盘管集成网络监控点原理

拓展 – 全空气变风量空调系统运行监控

4. 通风机及消防风机

通风机又称通风柜，通常包括排风机、送风机、排烟机。对动力配电箱二次回路监测运行状态、故障状态、手自动状态、启停控制。在风柜上安装传感器，如压差开关、CO传感器等。控制逻辑为可根据时间表启动或设定的CO浓度启动。如图9.15所示。

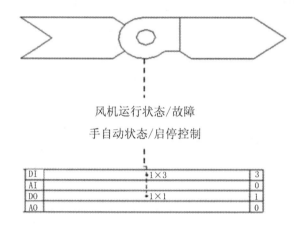

风机运行状态/故障

手自动状态/启停控制

DI	1×3	3
AI		0
DO	1×1	1
AO		0

图9.15　通风机监控原理图

消防风机又称消防风柜，通常包括排烟机、排风（烟）机、正压风机。根据国家有关消防规定，除特殊场合（如地铁）外，楼宇自控系统对消防风机只监不控。对动力配电箱二次回路监测运行状态、故障状态、手自动状态。

5. 水系统分集水器压差旁通与主机运行台数控制

空调机组作为末端，并联在供回水间，每台空调机组按照需求调节水阀开度，末端水阀的开度变化，造成总流量变化，影响了水系统压差，对末端来讲，需要稳定的压差，对冷冻水循环泵来讲，定速泵不能超负荷，因此设计旁通阀，如图9.16所示。电动旁通阀根据压差随时调节旁通开度，在稳定水系统压差的同时能保护循环水泵。

冷负荷的设定值按照当时运行的冷水机组台数决定。比较实际负荷与设定值，并当持续判断有效时，才可决定加减冷水机组，如表9.2所示。

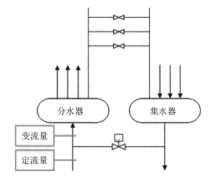

图9.16　分集水器旁通控制

表9.2　冷水机组运行台数与负荷率

台数	负荷上限	负荷下限
1	1 台冷机全负荷的 90%	1 台冷机全负荷的 40%
2	2 台冷机全负荷的 90%	2 台冷机全负荷的 40%
3	3 台冷机全负荷的 90%	3 台冷机全负荷的 40%
4	4 台冷机全负荷的 90%	4 台冷机全负荷的 40%

　　冷水机组按顺序启停设备。为保护冷水机组，应确认冷冻水和冷却水充分流动；为保护循环水泵，应确认管路上的水阀已开启。当决定开启一台冷机时，应按照一定的延时间隔，顺序开启设备：冷却塔蝶阀→冷却水蝶阀→阀位反馈确认→冷却泵→冷却塔可用→冷冻水蝶阀→阀位反馈确认→冷冻泵→冷水机组水流确认→启动机组。当决定关闭一台冷机时，应按照上述反向顺序关闭设备。

　　自动投入备用设备：当正在运行或准备运行的机组或水泵发生故障时，自动停止与其串联的其他设备，并自动进入设备轮换程序投入其他设备。

　　设备轮换使用：累计设备的运行时间，先启动累计运行时间最短的设备，先停止累计时间最长的设备。

　　冷却塔风扇控制：当决定增加一台冷水机组投入工作时，会相应增加一台冷却水泵，并打开一座冷却塔的进水蝶阀，但其风扇并不根据此逻辑开启。此时冷却塔处于可用状态，直至冷却水回水温度高于32℃时，开启累计时间最短的风扇，保证冷水机组在较高效率下工作。

6. 热源系统

　　热源系统通常包括阀门、热水泵、锅炉或热交换器。一般情况下，楼宇自控系统对热源系统只监不控，可对锅炉机组可通过BACnet或Modbus等标准协议读取其内部参数，对动力配电箱二次回路监测运行状态和故障状态，在水系统上安装传感器如液体温度传感器、液体压力传感器等。

　　空调热水系统与冷水系统相似，通常是以定供水温度来设计的。因此，热交换器控制的常见做法是：在二次水出水口设温度传感器，由此控制一次热媒的流量。当一次热媒的水系统为变水量系统时，其控制流量应采用电动两通阀；若一次热媒不允许变水量，则应采用电动三通阀。当一次热媒为热水时，电动阀调节性能应采用等百分比型；一次热媒为蒸汽时，电动阀应采用直线阀。如果有凝结水预热器，一般来说作为一次热媒的凝结水的水量不用再作控制。当系统内有多台热交换器并联使用时，与冷水机组一样，应在每台热交换器二次热水进口处加电动蝶阀，把不使用的热交换器水路切除，保证系统要求的供水温度。

空调热水系统控制原理如图9.17所示，主要运行控制内容包括：

（1）启停控制。

①根据室内外条件，在中央电脑键盘启动或现场手动启动第一台热交换器组成的热水系统（包括相应的设备）。

②联锁顺序：启动时先启动热水泵，再开启热交换器电动蝶阀。

（2）水温控制。根据各台热交换器二次水出水温度，控制一次热媒侧电动阀。

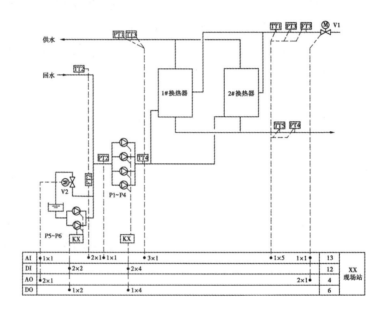

图9.17　空调热水系统热交换器DDC控制原理图

（3）台数控制。根据热水供、回水温度及流量，计算用户侧的实际耗热量，自动启停及决定热交换器和热水泵的运行台数。

（4）压差控制。根据设计要求或调试结果得到热水供、回水总管压差，控制电动旁通阀开度。

（5）显示及报警。主要包括：热水泵运行状态显示，故障报警；热交换器电动蝶阀状态显示，故障报警；热交换器一次热媒电动调节阀的阀位显示；电动旁通阀阀位显示；热水供、回水压差显示，高限时报警；热交换器二次水出水温度显示，高、低限时报警；热水总供、回水温度和流量的显示及记录；瞬时热量及累计热量显示及记录；设备运行小时数显示及记录等。

（6）再设定。各热交换器二次水出水温度及供、回水压差均可在中央电脑及现场进行再设定。

9.2.3 冷源机房群控系统

1. 机房群控项目要求

对整个中央空调系统进行自控设计，通常要去满足如下要求：根据室外温度或时间表，自动投入或停止冷机群控功能；在运行时间表内，以合理的机组台数匹配用户负荷；在加减机请求过程中使用可调节的时间延迟，避免过于频繁的开关机，实现节能、高效运行；当系统供水温度远离设定时，可使用相应控制模式，避免过量的冷负荷被投入，尤指冷水机组第一次启动时；平衡各机组运行时间，延长机组寿命；冷冻水泵一次泵变频系统中提供冷水机组蒸发器水流量以及冷冻水出口低温保护，避免因变频系统出现不适当的水流量引起冷水机组故障；显示外围设备（冷冻水泵、冷却水泵及电动蝶阀等）和冷水机组的运行状态以及主要参数；自动记录与打印系统数据；操作员可在电脑工作站直接下达加减机请求；为BA、BMS系统提供开放接口和开放协议。

2. 机房群控目的

冷冻机组群控的目的，是在冷水机的产冷量满足建筑物内的冷负荷的需求的情况下，使空调设备能量消耗最少，并使其得到安全运行及便于维护管理，取得良好的经济效益和社会效益，简单来说，就是要节能和优化管理。

冷冻机组群控的监测与控制，其主要功能有如下三个方面：

（1）基本参数的设定。包括冷水机的运行、故障、手自动、启停参数、机组温度、压力、电流、水流以及累积工作时间等相关状态参数检测；冷冻水循环系统各总管的出回水温度、流量、冷量、旁通水阀以及最不利末端的压差等参数的检测，变频冷冻水泵的运行状态、手自动信号和故障参数检测以及变频器的控制，冷冻水电动蝶阀开关状态检测；冷却水循环系统总管的出回水温度检测，冷却水泵和冷却塔风机的运行、手自动信号和故障参数检测，旁通水阀的控制，冷却水电动蝶阀开关状态检测。参数的测量是使冷源系统能够安全正常运行的基本保证。

（2）冷源系统的全面调节与控制。根据测量参数和设定值，合理安排设备的开停顺序和适当地确定设备的运行台数，最终实现"无人机房"。这是计算机系统发挥其可计算性的优势，通过合理的调节控制，节省运行能耗，产生经济效益的途径，也是计算机系统与常规仪表调节或手动调节的主要区别所在。

（3）能量调节。通过通信接口，提取冷机内部所有的运行参数，并通过系统软件对数据进行分析及机组本身性能的综合比较，控制冷机运行在最佳运行曲线上，同时相应调节联动设备的运行，从而达到冷冻站系统整体运行的节能与高效。通过对冷冻水泵的变频控制，在对冷机运行近况进行监控时，根据系统水流量的实时变化，调节水泵频率的变化，从而达到一个能量的控制，保证系统的节能。结合系统运行的实际工况，对包括冷机、水泵、冷却塔在内的相应设备进行相应的加减机，从而保证整个冷冻站运行的高效与节能。

3. 机房群控原理

江森自控中央机房优化控制系统（Johnson Control's Central Plant Optimization TM），以下简称CPO 10系统，该系统是江森自控专为有能源管理需求的客户开发的楼宇能源管理软硬件集成系统和机电一体化控制解决方案。CPO 10系统是基于冷机控制系统综合优化的控制，通过对整个系统的运行信息的全面采集及综合分析处理，实现冷水机组与冷冻水系统、冷却水系统和冷却塔系统的匹配和协调运行，实现变负荷工况下整个系统综合性能优化，可保障冷机控制系统在任何负荷条件下，都高效率地运行，最大限度地降低整个系统的能耗。

机房控制策略：冷源系统的能耗主要由冷水机电耗及冷冻水泵、冷却水泵电耗构成。由于各冷冻水末端用户都有良好的自动控制，那么冷水机的产冷量必须满足用户的需求，节能就要靠恰当地调节冷水机运行状态，降低冷冻水泵、冷却水泵及冷却塔风机电耗来获得。

机房群控系统对冷冻机组编制相应的群控及联锁，Metasys系统通过NAE网络控制引擎与空调主机连接，进行数据交换，通过FEC采集现场设备信息和控制现场执行机构，如图9.18所示。

通过对系统编程，可以完成特定的操作顺序，如：设备自动操作、设备保护、数据转发和报警来实现冷水机组的高效运行。系统为机组提供适当的控制，其中包括以下14点。

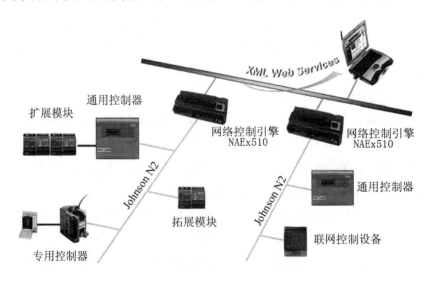

图9.18　开放的集成网络结构

拓展－建筑设施能效
分析系统 SEED 简介

1. 自适应启停

系将最大限度地减少设备的能耗，根据冷冻水温度和过去的冷负荷惯性或反映时间，自动调节冷水机–泵–冷却塔的启停时间，来逐个控制冷冻水泵、冷却水泵、冷却塔和冷水机组。

2. 冷水机排序或选择

用户可以选定超前或滞后冷水机，并重新安排其顺序。系将自动预测冷负荷需求或趋势，并根据过去的能效、负荷需求、冷水机–泵–冷却塔的功率和待命冷水机的情况来自动选择设备的最优组合。用户可以交替地选择最优或同等的冷水机组运行时间。冷冻水和冷却水阀门将根据冷水机的选定情况来开或关。系统能够控制冷水机的任何配置。用户可以在某个现场位置启动冷水机组，也可以选择自动启动。任何冷水机得到开机命令却未能启动的，应按指定要求发出报警。控制器得到报警后，启动下一台最适合的机组。

3. 最优冷水机负荷分配

冷水机的能耗是最令人关注的，它由压缩方式、冷媒、制冷量、压缩机规格和换热器规格等因素构成，只有冷水机制造商本身才最熟悉自己的产品特性，江森的自控产品正是在这个基础上开发出来的。结合冷水机的不同特性，做出最优化的计算程序，获得最好的节能效果，这是一般的控制系统无法比拟的。

系统将根据能效和最优设备组合来自动为每台冷水机分配负荷。系统在保持冷冻水的供、回水设定值状态的同时，也将重新设定每台冷水机的冷冻水出口温度，以优化机组的负荷分配。任何并联冷水机若处在循环回路上但无水流过，蒸发器会发出报警。

4. 冷冻水重设

冷水机组将根据下列方法之一（用户可选）来自动重设或调节冷冻水的出口温度：对于单台冷水机或一般供水情况，保持冷冻水的供水温度恒定（例如7℃）；保持冷冻水的回水温度恒定（例如12℃）；冷水机的冷却水入口温度应降低到与出口温度相差3℃的范围内，以减少扬程，并获得最大限度的节能。

5. 低负荷控制

不允许单台冷水机在低于可选工况点（如30%的负荷）下运行，除非只有单台冷水机用于承担冷负荷。当冷负荷低于25%时，系将选择冷水机启停控制，以便充分发挥其能效；或根据冷负荷惯性或反应时间和档案数据来选择连续运行。

6. 断电后自动启动

当发生断电时，所有设备将停机一段时间，这段时间的长短可以选定。然后，设备将依次启停，以最大限度地减少功率的峰值需求。

7. 备用冷水机的自动启动

当冷水机或辅助设备不能启动，或因紧急故障而停机时，备用冷水机及其相关辅助设备应自动启动。

8. 故障报警

Metasys 靠正反馈和/或紧急故障电路来识别并确认冷水机、泵和冷却塔风机的故障。同时将显示报警信息。

9. 降温时间的需求限制

冷水机启动后，在达到满负荷之前，可以在一段可选的时间范围内，逐步给机组加载，使其功率达到一个可选的极限值。

10. 冷却塔控制

冷却塔风机将按照冷水机的运行来自动启停。为了实现能效最优，冷却塔风机的启停可根据冷水机功率增量来自动选择。

11. 泵排序和控制

泵迟于电动蝶阀但先于冷水机启动，并根据冷水机的运行和冷负荷需求来排序。停泵的控制也是一样。

12. 压差控制

根据冷冻水供回水压差控制旁通阀的开度，以保证系统的平衡。

13. 膨胀水箱

当膨胀水箱水位低于设计低水位时，自动打开补水阀门，当补水至设定高水位时，自动关闭补水阀门。

14. 冷量表

根据冷量表的数值，时实显示各冷冻系统中的能耗情况，为系统的运行提供数据保障。

以上监控内容及集成控制流程见图9.19所示。

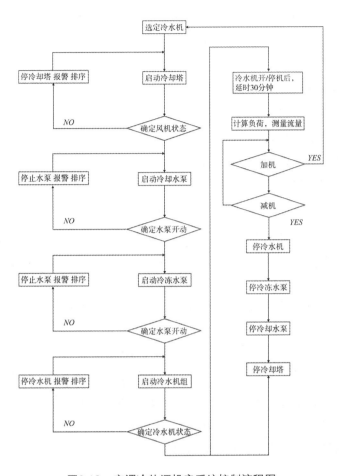

图9.19　空调冷热源机房系统控制流程图

案例－重庆某冷
热源机房群控系统

9.3　物联网在建筑能源系统管理中的应用

建筑能耗监控系统是为耗电量、耗水量、耗气量（天然气量或者煤气量）、集中供热耗热量、集中供冷耗冷量与其他能源应用量的控制与测量提供解决方案的能耗监控系统。建筑工程能耗监测系统的能耗应合理设置分项计量回路，以下回路应设置分项计量表：变压器低压侧出线回路；单独计量的外供电回路；特殊区供电回路；制冷机组主供电回路；单独供电的冷热源系统附泵回路；集中供电的分体空调回路；照明插座主回路；电梯回路；其他应单独计量的用电回路。

物联网便于实现"物–物""人–物"的信息链接、处理和应用，基于物联网的建筑节能减排技术不仅有利于提高建筑节能减排的效果，而且便于提升建筑智能化水平和建筑整体功能。因此，以物联网的概念、架构、数据分析处理方法等技术要求为标准，系统地优化和改进现有建筑能耗监测理论、网络架构和实施技术，提出建筑能源系统物联网（Internet of Building Energy Systems, iBES）的概念、网络架构、软硬件关键技术和工程应用技术等实现方法，对促进物联网在建筑节能减排领域中的应用发展、提高建筑能源利用效率和建筑智能化水平、促进行业领域物联网的发展、促进我国建筑节能减排事业的发展具有重要的现实和长远意义。

"智慧城市"的建设对建筑的能源管理提出了更高的要求，智能建筑的能源管理应该满足新时期构建"智慧城市"的能源管理需求，整合相互孤立的能源信息，实现能耗分项计量，为建筑能耗诊断、节能评估奠定基础，并应用物联网技术将智能建筑能源管理系统接入城市级能源管理平台，满足"智慧城市"建设的需求。

物联网与智能建筑的结合，有助于提高建筑智能化水平，优化智能建筑的体系结构，完善智能建筑的功能，增加应用服务。作为智能建筑的重要组成部分，建筑设备管理系统应用物联网技术，不但可以提高设备的运行效率和服务管理水平，延长设备使用寿命，降低设备维护成本和建筑能源消耗，而且能够实现建筑设备的远程管理，为建筑设备的运行和管理提供了更加便捷的途径和手段。

拓展 – 群智能框架

案例 – 某工厂暖通空调自动化控制系统

本章小结

本章主要讲述暖通空调系统自动化的监控内容及主要设备的集成控制与运行调节，重点分析了空调系统末端设备及冷热源机房设备控制内容与控制逻辑，对系统集成与物联网技术应用进行了简要介绍，课外结合工程实际案例进行拓展训练。

达成评价

学习成果	自我评价
我熟悉了暖通空调系统运行监控及自控特性	□ 很好 □ 较好 □ 一般 □ 较差 □ 很差
我明白了空气处理设备控制系统监控方法	□ 很好 □ 较好 □ 一般 □ 较差 □ 很差
我初步掌握了冷热源机房群控的内容与方法	□ 很好 □ 较好 □ 一般 □ 较差 □ 很差
我理解了工程案例中建筑运行能耗监控问题	□ 很好 □ 较好 □ 一般 □ 较差 □ 很差

习题与讨论

一、单选题

1. 关于动态双温度平衡电动调节阀的控制逻辑，说法正确的是：

    A. 综合了串级控制、连续调节和通断调节

    B. 只包含串级控制

    C. 只包含连续调节和通断调节

    D. 只包含连续调节

2. 关于动态平衡设备的说法，错误的是：

    A. 是通过自动改变开度来保持被其控制部分的某个参量保持恒定的一类阀门

    B. 动态平衡阀是为了调节系统流量而设置的阀门

    C. 动态平衡阀可以消除系统各部分干扰，提高系统稳定性

    D. 动态平衡阀可以通过控制压差或流量来实现系统平衡

3. 自力式流量控制阀不适用于以下哪种管网：

    A. 供热系统的质调节系统

    B. 分阶段改变流量的质调节

    C. 多热源管网

    D. 被控对象无内部调节的系统

二、多选题

1. 自力式流量控制阀，又称为：

    A. 定流量阀

    B. 动态流量平衡阀

    C. 自平衡阀

    D. 自力式流量平衡阀

2. 关于自力式限流止回阀的叙述，正确的有：

    A. 适用于多台水泵联合运行的系统

    B. 可以稳定正在运行的泵的扬程、限制泵流量，防止泵超载

    C. 对停止运行的泵支路有止回作用

    D. 设计选型时，设计人员必须同时提出控制扬程和控制流量

三、判断题

1. 自力式压差控制阀是通过调整自身的开度来调整自身所消耗的压差，实现被控对象压差恒定的阀门。

2. 当被控对象为包括多个支路的环路，且各环路有可能进行流量调节时，应该采用流量控制阀。

四、简答题

1. 请简要阐述物联网技术如何与暖通空调系统节能运行相结合？

2. 旁通压差控制阀的作用有哪些？

第10章　暖通空调节能运行管理制度

本章PPT

教学说明

　　本章以暖通空调系统运行管理制度建设为对象，结合国家暖通空调系统运行管理标准，围绕暖通空调系统日常运行管理制度建设、设备及系统运行能效测试评价、节能改造程序诊断和项目后评价等进行系统介绍，融入工程全过程管理与建筑综合系统节能的理念，结合项目案例和拓展资源开展教学实践，推荐课内讲授3~4学时。

学习目标

　　（1）了解暖通空调系统运行管理制度；
　　（2）理解暖通空调系统运行能效评价指标；
　　（3）熟悉既有建筑暖通空调系统节能改造的判定方法；
　　（4）掌握暖通空调系统使用后评价的方法。

🎓 导入语

　　制度建设是贯彻管理方针、完成管理计划、达到管理目标的重要保证。管理制度的完善与否，直接影响到管理质量和效益，没有完善的管理制度是很难做好管理工作的，更谈不上使管理工作达到专业化要求。建筑各种运行管理记录是对系统运行状态、能源消耗的直接反映，只有详细、准确的运行记录才能成为判断系统是否节能运行和持续改进的依据。公共建筑投入使用后，所配置的采暖、通风与空调系统本身，系统所服务的空间和使用用户，系统运行的管理人员都会经常性地发生变化。因此，设备设施系统运行管理要能真正起到应起的作用并产生效益，就必须有一套规章制度来保证。

　　《空调通风系统运行管理标准》（GB50365-2019）规定，空调通风系统的运行管理策略、控制和使用方法、运行使用说明及不同工况设置等，应作为技术资料管理，宜委托专业机构研究制定，并应在实践中根据实施情况予以完善。大型复杂及超高建筑空调通风系统宜通过建筑信息模型（BIM）、智能设备应急管理模型、资产管理数据库及设备维护维修数据库进行管理。

10.1 暖通空调系统运行管理概述

供暖通风空调系统的节能运行管理包括系统的节能操作规程、系统节能运行调节和运行参数的节能监控，系统在实际运行过程中只有按照标准的运行操作规程进行操作，采取合理、可行的节能技术措施，才能保证空调系统运行安全、运行节能，只有严格监控空调系统的运行参数、空调房间的温度，统计电、热、燃料的消耗，才能及时发现能源浪费问题、及时查找问题、进行修整，最低限度地降低能源的浪费。

暖通空调系统的运行管理是物业设施管理的一个重要组成部分，既有与其他专业技术门类管理相同的共性内容，也有自己独特的地方。因此，除了有共性的管理制度可以借用，如设备管理制度、故障及事故处理制度等以外，还必须在物业设施管理的总原则基础上，结合暖通空调系统运行管理的实际，因地制宜地制定出一套合理的、专业性的规章制度。为了进一步提高管理档次和服务水平，国内一些物业管理企业纷纷导入实施ISO9002国际质量标准，即国际通用的科学管理方法标准。通过运用这一国际先进的质量管理模式标准来规范管理运作程序，促使管理水平和服务质量有更大的改观。

节能运行管理制度内容主要包括运行人员管理、系统节能运行、系统节能检查和系统节能维护保养四大部分，组成结构见图10.1所示。该制度既适用于使用集中供暖空调系统的公共建筑，也适用于使用集中供暖空调系统的居住建筑。

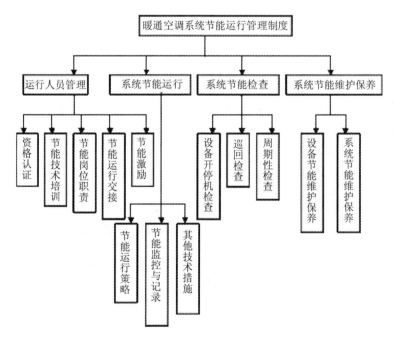

图10.1 暖通空调系统节能运行管理制度组成结构

　　管理、操作和维修人员是系统运行管理的主体，因此运行人员管理是系统节能运行的重要内容，由于暖通空调系统的专业综合性、复杂性，要求运行管理人员、操作和维修人员必须具有相应的资格认证才能上岗；并且在上岗之前，所有运行管理、操作、维修人员必须进行节能培训；暖通空调系统的运行管理、操作和维修人员除了要满足各自岗位的基本职责外，还要达到节能运行管理的职责要求；在加强对技术人员节能管理的基础上，空调运行单位可通过制定一些激励制度进一步促进工作人员的节能工作，获得较好的节能效果。

　　供暖空调系统所涉及的设备种类和数量较多，安装地点也比较分散，系统能进行节能运行，首要条件是要满足空调设备的正常运行，这就要依赖于工作人员能及时发现设备的运行问题，及时解决故障问题，因此，制定科学合理的节能运行检查制度是节能运行管理的关键问题，根据供暖空调设备的特点和在节能运行中的重要程度，要制定以下相应检查制度：开停机检查、巡回检查、周期性检查。

　　供暖空调系统和设备自身良好的工作状态是其安全经济运行、保证供冷（暖）质量的基础，而有针对性地做好冷暖设备和系统的维护保养工作，又是系统保持良好工作状态、减少或避免发生故障和事故、延长使用寿命、降低能耗的重要条件之一。因此必须做好空调系统和设备的节能维护保养工作。制定相应的开机前维护保养、日常保养、定期保养及停机期间的维护保养规定。暖通空调系统的节能经济运行管理主要包括：

　　（1）定期检查和改善围护结构、设备、水和空气输送系统的保温性能，参照GB4272执行。

　　（2）在满足生产工艺和舒适性的条件下，合理降低建筑物空调的温、湿度标准，适当增大送回风温差和供回水温差。

　　（3）在保证最小新风量的前提下，合理控制和正确利用室外新风量。

　　（4）定期检查和维修水、空气输送系统，减少系统的泄漏。

　　（5）定期维修、校核自动控制装置及监测计量仪表。

　　（6）加强对供暖空调水系统的水质管理。

　　（7）建立运行管理、维护、检修等规章制度。

　　（8）建立运行日志和设备的技术档案。

　　（9）管理和操作人员要经过培训，考核合格后才能上岗。

　　（10）主管部门定期派专人检查有关规章制度的执行情况。

10.2 项目运行人员的管理制度

10.2.1 各级各类人员的岗位职责

各级各类人员的岗位职责是构成中央空调系统运行管理岗位责任制的主体,在确定各级各类人员的岗位职责时,要结合系统的规模和特点以及定员定岗情况来综合考虑,要按岗位的层次和工种类别来分解各项任务,注意避免出现职能不清、责任不明的情况。岗位设置情况决定了岗位职能与责任的不同。

1.暖通工程师(主管)的岗位职责

(1)协助部门主管全面负责暖通空调专业方面的各项工作;

(2)制定与本专业有关的各项规章制度并监督检查执行情况,发现问题,及时提出改进措施,并督促改进工作;

(3)根据上级领导的要求和主管部门的工作计划,拟定本专业的工作计划;

(4)经常深入现场,了解和指导暖通空调系统的运行操作和维护保养工作;

(5)对系统发生的问题和出现的故障及时进行诊断,并组织力量解决和排除;

(6)制定检修计划及所需材料和零部件计划,经批准后负责实施;

(7)组织和指导本专业各类工人的业务学习、技术培训以及安全教育工作,并负责其考核;

(8)掌握本专业的发展动态,注意新技术、新装置的引进与应用;

(9)提出本专业技术改造方案(画出图纸、做出预算)或设备更新方案,并组织实施;

(10)听取各方面的合理化建议,吸收消化有关的先进经验,组织开展技术革新;注重修旧利废和综合利用,搞好能源管理,降低水、电、汽、气的耗用量。

2.暖通空调班(组)长(领班)的岗位职责

(1)协助工程师(主管)做好各项具体工作,直接向其负责;

(2)全面主持班(组)工作,合理安排班(组)成员的日常工作,保质保量地完成工程部下达的各项任务;

(3)严格要求,大胆管理,以身作则,督促全体班(组)成员认真执行和严格遵守各项规章制度;

(4)组织班(组)进行各种学习,使全体班(组)成员都能提高素质、敬业爱岗;

(5)负责班(组)考勤和公用工具、仪器仪表、小型检修设备(装置)的管理工作;

（6）审查、保管各种记录表，保证数据准确、资料齐全；

（7）督促落实修旧利废、节约能源、降低费用的工作。

3. 操作运行人员的岗位职责

（1）严格按有关规程要求开停和调节中央空调系统的各种设备，并做好相应的运行记录；

（2）根据室外气象条件和用户负荷情况，精心操作，及时调节，保证暖通空调系统安全、经济、正常的运行；

（3）按规定认真做好系统与设备的巡检工作和维护保养工作，使其始终处于良好状态并按要求做好备案记录；

（4）值班时发现空调系统或设备出现异常情况要及时处理，处理不了的要及时报告班（组）长（领班）或空调工程师（主管），如果会危及人身或设备安全，则首先采取停机等紧急措施；严格遵守劳动纪律和值班守则，坚守岗位，上班时间不做与工作内容无关的事情；

（5）努力学习专业知识，刻苦钻研操作技能，熟悉设备结构、性能及系统情况，注意总结实际经验，不断提高运行操作水平。

4. 空调维修人员的岗位职责

（1）定期对中央空调系统和设备进行巡回检查，发现问题及时处理；

（2）严格按照有关规程的要求进行计划检修和处理El变压器常见故障，力求使所修设备尽快恢复原有功能，并确保检修工作的质量和安全；

（3）认真详细地做好维修记录；

（4）爱惜检修工具、设备、仪器仪表，不浪费检修消耗性物料；

（5）承担本专业更新改造项目的主要施工工作；

（6）努力学习理论知识，刻苦钻研维修技能，熟悉设备结构、性能及系统情况，注意总结实际经验，不断提高维修水平。

10.2.2 业务学习与培训制度

暖通空调系统的运行管理是一项涉及多学科多专业的综合性技术管理工作，在实际工作中需要相关人员（含运行和维修人员）熟练地运用调节、维护和检修技能，规范、正确地操作、保养和检修系统与设备。因此，对一线运行管理人员的要求除了有高度的责任感外，还要求有一定的专业知识和专业技能。业务学习与培训制度包括学习和培训的对象、内容、时间、形式、要求、执行者等，具体如下：

（1）凡在运行和维修岗位工作的人员都要积极参加各种业务学习以及专业知识和技能的培训；

（2）业务学习和培训要紧密结合现有人员的情况和系统、设备的情况进行，重点是全面、深入地了解各项专业规章制度的内涵，明确和掌握执行这些专业规章制度的目的、方法、常见问题或故障的判断方法和应采取的措施；

（3）业务学习和培训应采取理论知识学习与实际操作相结合、系统培训与急用先学相结合、自学为主与集中辅导相结合、解决实际问题与集体分析讨论相结合等多种形式，扎实、有效地开展起来；

（4）对非暖通空调与制冷专业毕业和没有受过专业技术培训的在岗人员，重点是系统学习专业知识和进行专业技能训练，在一年内达到中级空调（运行）工或中级制冷设备维修工的技术等级，已达到中级空调（运行）工或中级制冷设备维修工技术等级的在岗人员，重点是全面、深入地掌握空调系统和设备的情况、性能及特点，提高相应的技术水平；

（5）空调工程师（主管）和班（组）长（领班）负责业务学习与培训的组织、实施和考核工作。

10.3　暖通空调设备的运行管理制度

常规维护管理包括：每年运行前要对空调系统进行打压试验、冲洗检查；系统的除污器要定期清理；风机盘管的滴水盘要定期检查清洗等。

制冷机组开机前的维护管理包括：检查冷冻水、冷却水阀门开关是否正确；检查主机油系统、制冷剂系统开关是否正确，液位是否正常；在检查的同时记录冷冻（冷却）水的温度和压力差，主机油位，制冷剂的液位，机内压力、油温。

制冷机组主机运转时的维护管理包括：在运转过程中定时检查制冷系统有无泄漏现象；做好运转记录，每小时记录一次；需要记录的有油温、油压、油位，吸气压力、蒸发压力、蒸发温度、排气压力、排气温度、制冷剂的液面变化，冷冻水进出水压差、温差，冷却水压差、温差，电流、电压，检查有无异常现象等。

机组停机时的维护管理包括：关闭哪台机组就把哪台机组内水泄掉，以防停机后的热膨胀损坏设备；开机时打开相应冷冻、冷却水进出水阀，保证经济运行；机组运转一个时期要对蒸发器、冷凝器、油冷却器的水系统进行彻底清洗，否则会降低机组制冷量，增大运转成本；主机各安全阀、仪表每年要校验一次并记录在案，确保机组安全运行等。

系统停用后的保养包括：系统要进行反复冲洗；冲洗后利用定压设备使系统保持一定

压力，保证管道内壁不生锈，避免系统再运转时堵塞；所有明杆阀门全部用黄油保护阀杆。

拓展－通风空调系统设
备运行管理制度 10 项

拓展－暖通空调系统
运行调节及能耗记录表

10.4　暖通空调系统运行能效的综合评价与考核

10.4.1　终端用能系统分类

　　按建筑设备功能及种类划分为以下几个终端用能分项系统及单项用能设备，如图10.2所示。建筑终端用能系统分为一级分项系统：集中采暖空调、通风系统，生活、卫生热水系统，照明系统，办公设备系统，电梯系统和其他特殊房间用能设备系统等一级系统。集中空调系统分为冷热源、末端设备和冷热媒输配三个二级分项系统。三级系统为单项设备，包括所有耗能设备。

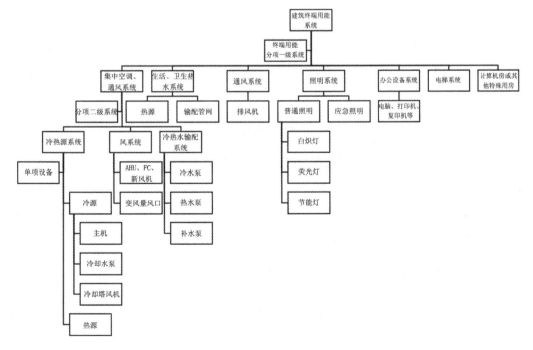

图10.2　建筑终端用能系统的分类

供暖、通风与空调系统运行能效指标是指公共建筑按单位面积计算，供暖、通风与空调系统在全年使用过程中所消耗的能源数值。该数值可以分为电、气、油等小类指标，总耗能的综合计算则换算成标准煤的数值进行。

10.4.2 暖通空调系统运行能效评价指标

1. 暖通一级系统评价指标

（1）空调系统全年综合能效（ACEE），为空调系统全年供热量Q_h与全年供冷量Q_c之和同全年空调系统所有耗能设备的运行能耗量P_i的比值，其中，燃油或燃气设备能耗按一次能源消耗量折算为电功率计算。

$$ACEE = \frac{\sum (Q_c + Q_h)}{\sum P_i} \quad (10-1)$$

各种能耗量应转换为一次能源，其中电力的折算方法按近年我国火力发电的平均标准煤耗量计算。随着发电效率提高，如今发电效率高的系统可达到280gce/kW·h。

（2）供冷季空调系统能效（$ACEE_c$），为空调期内累计供冷量与空调期系统所有设备的运行能耗量之比；空调系统设备包括冷机、冷却水塔、冷却水泵、冷冻水泵、空调风机及其他空调设备等。

$$ACEE_c = \frac{\sum Q_c}{\sum P_{c,i}} \quad (10-2)$$

（3）采暖季空调系统能效（$ACEE_h$），为采暖期内累计供热量与采暖期系统所有设备的运行能耗量之比；空调系统采暖设备包括热源、热水泵、空调风机及其他空调采暖设备等。

$$ACEE_h = \frac{\sum Q_h}{\sum P_{h,i}} \quad (10-3)$$

上式中，空调期供冷量和采暖期供热量按下式计算：

$$\sum Q_c, or, \sum Q_h = \sum c_p G \Delta T \cdot \tau \quad (10-4)$$

供回水温差按运行时段实测值计算，空调期和采暖期累计时间根据运行能耗统计的运行记录表确定。空调系统设备运行能耗量也可根据能耗统计模型获得。

2. 暖通二级系统评价指标

（1）电力驱动的制冷（热泵）机组的运行能效比，指机组实际的制冷量或制热量（kW）与机组输入的总功率之比，即：

$$EER_{sys,c} = \frac{C_p G_c (T_2 - T_1)}{P_c + P_{pump} + P_{towl} + P_{others}} \quad (10-5)$$

T_1，T_2分别代表机组实际运行时的供水和回水温度，下同。若主机冷凝热回收作为卫生热水系统热源，则回收热量也应计算入冷源系统获得的收益，提高冷源系统的运行能效水平。

（2）蒸汽、热水型及直燃型溴化锂吸收式冷（热）水系统运行能效比，指由冷（热）水进出水温和流量检测仪表测量的机组实际输出的制冷量或制热量（kW）与输入机组热量和电量之和（kW）的比值，即：

$$EER_{sys,h} = \frac{C_p G_r (T_2 - T_1)}{P_h + P_{others}}$$
（10-6）

对于直燃机及热水锅炉，燃油或燃气耗量按热值折算为电功率。

燃油（气）和电热锅炉的热效率可以通过热平衡法计算，即锅炉输出的热量与同期输入的热量之比，其运行效率受热媒状态和环境温度影响较小，一般情况下应达到设计热效率。

（3）空调风系统运行能效。分析风系统运行能效的目的是通过风系统节能运行调控策略提高系统效率。空调风系统采用低温送风、置换通风、风机变频调速变风量运行、根据室内外气象条件变新风比运行、利用夜间或过渡季节全新风运行等措施，可以减少空调负荷从而降低空调能耗。空调风系统的调控方式与节能设计水平密切相关，同时也受管道与设备性能的匹配影响。空调风系统运行能效采用单位风量耗功率计算：

$$W_s = P/(3600\eta_t)$$
（10-7）

当设计工况的指标计算值大于限值的20%时，应考虑更换风机；当实际工况的耗功率W_s超过限定值时，应分析原因，找出运行管理存在的问题。式（10-7）反映风系统压力损失及分布，可以从设计角度约束空调风机的选型，但不能反映空调箱能源利用水平。风系统冷量输配能效按下式计算：

$$EER_{airsys} = \frac{Q_0}{P_{airsys}}$$
（10-8）

式中，Q_0——风系统输送冷量，kW；

P_{airsys}——风系统空调箱的总输入功率，kW。

（4）空调水输配系统运行能效。水系统的节能运行策略包括变水量和变水温调节。通过适当加大供回水温差可降低流量，减少水泵运行电耗；或通过变频调速、台数控制等降低运行电耗。采用节能控制策略越广的系统其运行能效水平越高。

节能设计水平高低对运行能效水平产生重要影响，采用冷热水系统输送能效比ER计算：

$$ER = 0.002342H/(\Delta T \cdot \eta)$$
（10-9）

式中，H——水泵设计扬程，m；

ΔT——供回水温差，℃，由产品铭牌获取；

η——水泵在设计工作点的效率，%，由产品铭牌获取。

空调冷热水系统输配能效比不大于节能标准规定值，若超过，则应进行技术经济比较，确定是否更换水泵。

水系统实际运行能效采用下式计算

$$\text{EER}_{watersys} = \frac{Q_0, or Q_r}{P_{watersys}} \qquad (10\text{-}10)$$

公式中所有参数采用运行过程中的检测参数计算。水泵运行效率可按附录一查取。

（5）独立新风系统运行能效。根据新风系统风量调节方式、空调房间新风分布水平、过渡季节或时段新风自然冷源利用状况和排风冷热回收效果等评价新风系统运行能效。

新风系统运行能效：即采用节能运行策略的新风系统运行能耗Q_2与全年定新风量运行的新风系统运行能耗Q_1之比。

$$\eta_5 = Q_2/Q_1 \qquad (10\text{-}11)$$

新风机组能效按单项设备能效比方式评估：

$$\text{EER}_{sys,outdoorair} = \frac{G_w(i_w - i_o)}{P_{outdoorair}} i_o \qquad (10\text{-}12)$$

式中，i_o为新风机组的送风状态焓值。

（6）排风系统——单列系统，采用单位风量的耗功率表示能效水平。根据建筑能耗统计模型，对建筑厨房、车库、卫生间、公共浴室等排风系统风机功率和运行时间统计，计算排风系统总电耗量，Q_1；统计采用间歇运行、局部排风、分档排风和据污染物浓度控制的变频调速等节能运行技术手段的排风系统的电耗量，Q_2。

排风系统运行能效：

$$\eta_6 = Q_2/Q_1 \qquad (10\text{-}13)$$

排风机能效按设备单项能效确定。

（7）空调房间气流组织效率——无能耗，能效评价可不考虑，作为室内环境指标评价时的指标。

建筑节能是在保证建筑功能、满足人们舒适、健康、卫生及工作效率的前提下通过合理利用能源，提高能源利用效率来实现传统能源消耗量的减少。房间气流组织效率直接影响到室内环境质量的评价，也同时影响到空调能源消费的数量和质量。不同空调方式的能效水平不同，如辐射方式采暖供冷、工位送风、座椅送风、置换通风等都可以降低能源消耗。采用能量利用系数考察气流分布方式的能量利用效率，如下式：

$$\eta_7 = \frac{T_P - T_O}{T_R - T_O} \times 100\% \qquad (10\text{-}14)$$

（8）空调水系统管道绝热系统效率。管道绝热系统无能源输入，采用绝热效率而不是能效。绝热效果的考核理论上应检测绝热层表面温度与室温差值，实践中存在管道测点的确定问题。对空调水系统最不利环路进行监测，测量分水器出口水温$T_{W,1}$和最远空调末端设备入口水温$T_{W,2}$，计算供水管道保温系统能效，见下式：

$$\eta_8 = \frac{T_R - T_{W,2}}{T_R - T_{W,1}} \times 100\% \qquad （10-15）$$

T_R为空调房间室温。回水管道保温系统近似按供水管道估算。

（9）空调风系统管道绝热系统效率。对空调风系统最不利环路进行监测，测量空调箱出风口风温$T_{A,1}$和最远空调送风口温度$T_{A,2}$，计算送风管道保温系统能效，见下式：

$$\eta_{acsjr} = 1 - \frac{1.01\left|t_{acout} - t_{eout}\right|}{\left|h_{acin} - h_{acout}\right|} \times 100\% \qquad （10-16）$$

式中，η_{acsjr}——风系统管道的绝热效率；

t_{acout}，t_{eout}——空调箱或新风机组的出风温度与风管最远送风口的平均送风温度，℃；

h_{acin}，h_{acout}——空调箱或新风机组的入口空气焓与出口空气焓，kJ/kg（a）。

设备选型、管路布置水平取决于设计能效水平；设备及系统调控手段与管理水平，以及设计能效等都会影响到运行能效。

3. 泵与风机单项运行能效$\eta_{running}$

（1）水泵运行效率

$$\eta_{pump} = \frac{\gamma QH}{1000 N_{motor} \eta_{motor}} \qquad （10-17）$$

（2）风机运行效率

$$\eta_{fan} = \frac{QP}{1000 N_{motor} \eta_{motor}} \qquad （10-18）$$

上述公式中的符号统一说明：所有设备参数为同一工况下运行过程的实测值，通过监测仪表直接测量获取或间接测量计算获得。

10.5 公共建筑空调工程节能改造制度

10.5.1 判定原则

空调工程的能效改造，总的原则就是要在保证建筑室内的热环境质量和空气品质的前提下，通过节能运行控制和高效设备系统来实现既有建筑的舒适健康与生态目标。通过对政府办公楼、商业场所和宾馆酒店的节能技术改造和用能管理，加强运行控制、提高系统调节性能，采取推广应用可再生能源，尤其是太阳能、风能、地热能等可再生能源技术，大力推广应用节能新型墙体材料等措施实现节能降耗。对既有集中空调工程，节能降耗的主要任务就是降低其运行能耗。具体原则包括：建筑围护结构热工性能应满足节能设计标准规定的指标，否则，进行保温隔热、通风遮阳措施改造；空调工程设备装机能效水平应达到节能工程平均装机容量水平，否则，进行设备更换或减少设备台数；空调系统运行能效水平应达到节能系统平均运行能效水平，否则，进行系统控制与优化配置改造；空调工程能效水平应从建筑寿命周期角度分析，节能改造的潜力与节能效益应从整个运行周期比较，不同地区、不同类型的公共建筑能效水平限值不同，节能改造方案和措施不同，但都应首先考虑终端用能系统的分项计量改造。

既有空调工程的能效水平低于当地节能建筑空调工程运行寿命周期能效的平均水平，无论其设计是否节能，通过节能技术改造后，装机与运行能效水平都将提高，能效提高后的节能量能实现在3~6年回收节能改造的投资成本。

10.5.2　空调工程实施能效改造的判定程序

空调工程实际装机容量与设计条件下的设备配置常常存在一定差异，设计节能的空调系统其装机与系统实际配置不一定合理，同一地区同类型建筑的运行能耗差异很大，需要通过现场调查深入分析。对现有公共建筑进行筛选，确定节能技术改造项目，需要开展大量的基础调研工作。首先需要对建筑能效进行综合判定，确定其是否为高能耗低能效的建筑。初拟的判定程序如下：

1. 竣工图纸调查——计算空调装机能效比

由于建筑功能的频繁变更和空调分区的划分不当，导致整个建筑物用能效率低下，使能源浪费。装机容量过大，不仅增加了系统的建造能耗，而且是空调系统常年低能效运行的根源。因此，必须对工程现场的装机情况进行调查摸底。根据工程竣工文件，系统调试记录，相关施工质量验收规范，判断其是否为先天高能耗建筑。通过建筑施工质量及竣工文件，判断实际空调分区、建筑设备的安装容量、变压器负荷是否与设计施工图纸一致。调查内容包括：实际装机容量，建筑用能结构，空调系统分区情况，可再生能源利用情况。

工程施工及设备安装质量、建筑用能结构和设备装机容量影响整个建筑寿命周期的经济成本，其中，保温结构的施工水平和外门窗的气密性影响空调系统的冷热负荷，从而也影响空调系统的冷热耗量；冷热源设备的装机容量与输配系统动力装置的配置水平也直接关系到空调系统的运行效率。

若建筑功能划分、空调分区和实际设备安装情况与施工设计图纸一致，则装机能效水平与设计能效水平相同；否则，应计算空调工程装机能效比（Installation Energy Efficiency Ratio，简称I_{EER}）。装机能效比定义为：空调工程冷热源装机冷量/热量$\sum Q$与空调系统所有制备或输送冷/热媒的耗能设备铭牌功率总和$\sum P$之比，即：

$$I_{EER} = \frac{\sum Q}{\sum P} \tag{10-19}$$

计算参数采用设备铭牌参数确定的设备额定冷热量与系统总输入功率。

该指标也是评价在设计工况下，空调系统设备的实际配置水平，通过现场收集的设备材料表可以计算得到。空调设备选型计算时，人为加大系统安全系数或考虑不必要的备用设备，都会导致装机能效比降低，因此，该指标可以约束空调工程设备购置环节的随意行为，避免系统装机容量过大带来的能源浪费。装机能效比低的空调工程，在相同运行时间下，其空调系统运行能耗量必然很大，系统能效水平低下。装机能效比高的空调系统，设备高效运行时间相对更长，系统运行能效水平相应也高。

装机能效比不应低于同类空调工程满负荷时的设计能效比。目前，国家节能设计标准还没有对系统设计能效比给出限值，不同类型的空调系统设计能效比指标体系还未形成，装机能效比评价尚缺乏比较基础，可以通过建筑能耗统计模型给出统计样本的平均值，作为比较的基础。

装机能效比是静态指标，反映的是空调工程的现状，是分析影响运行能耗的关键因素，也是制定节能运行策略的基础。对既有建筑，分析装机能效比，是为下一步分析运行能效水平奠定基础。通过调查统计节能标准实施后的同类型建筑的装机能效水平，掌握主要类型的空调系统装机能效现状，确定出各气候地区不同类型公共建筑装机能效限值，可建立空调工程装机能效的评价依据。

2. 运行能耗及运行控制水平调查分析——计算空调运行能效比

HVAC系统能效水平评价指采用暖通工程装机能效比和综合运行能效比评价既有建筑机电设备的装机水平和运行过程中的能源利用效率。

实测并监控冷热源的冷热量与各用能设备的能耗量，计算确定采暖通风空调系统的运行能效比（Running Energy Efficiency Ratio，简称R_{EER}）。"空调工程运行能效比"是指某空调系统在运行过程中，τ时刻空调系统的冷/热负荷$\sum Q_\tau$与此时整个空调系统所有设备的耗电功率的总和$\sum P_\tau$之比，按下式计算：

$$R_{EER,\ \tau} = \frac{\sum Q_\tau}{\sum P_\tau} \tag{10-20}$$

通过专业的在线监控测量软件分析获得。对部分负荷条件下系统能耗构成进行分析，部分负荷的时间频率根据历年运行记录确定，综合部分负荷运行能效值按不同负荷率的时间权重计算获得。综合部分负荷运行能效比按下式计算：

$$IPLR_{EER} = \sum_{i=1}^{k} \varphi_i R_{EER,i} \qquad (10-21)$$

式中，$IPLR_{EER}$为综合部分负荷运行能效比；φ_i为第i种部分负荷率的时间权重系数，且有$\sum_{i=1}^{k} \varphi_i = 1$；时间权重系数宜根据历年运行记录分析得到；$R_{EER,i}$为第$i$种部分负荷率时的运行能效比。

3. 既有公共建筑暖通空调系统能效判定

空调系统综合运行能效比不应低于同类系统综合平均能效水平。设$[IPLR_{EER}]$为当前同类集中空调系统按照节能改造目标确定的允许综合运行能效比，基于能耗统计模型中大量统计样本分析得到。当$IPLR_{EER} < [IPLR_{EER}]$时，则应分类分项诊断冷热源、输配系统和末端设备的能效水平及系统匹配性能。

对于综合运行能效比计算所采用的权重系数的确定应按同一气候地区同类建筑在相同或相近使用条件下，通过统计分析获得。由于既有建筑多数没有终端用能系统的分项计量装置，按运行记录表难以分析空调系统各部分在不同负荷率条件下实际的能耗量。建筑终端用能系统分项计量与分区计量是开展既有建筑能效诊断的重要环节。

当建筑用能设备的运行效率在最高效率（铭牌效率）η_{max}的80%以上，说明在高效区域运行；运行效率在最高效率η_{max}的40%以下，则应更换设备；在最高效率40%~80%η_{max}范围时可通过调控策略或设备改造来提高设备性能。即：

（1）$\eta_{running} \leqslant 0.4\eta_{max}$，更换设备，采用节能产品，购买和使用符合能效标准的高效节能空调、风机、水泵、照明器具及办公设备；

（2）$0.4\eta_{max} < \eta_{running} < 0.8\eta_{max}$，在正常使用寿命期内节能改造并加强运行维护管理；

（3）$\eta_{running} \geqslant 0.8\eta_{max}$，判定设备运行高效。

η_{max}由能耗统计和现场调查的数据模型确定。

对运行三年以上的建筑，运行能耗分析资料包括近三年来能耗资料，统计出建筑物年总耗能量及能耗构成，进行数据统计分析；同时掌握建筑物围护结构遮阳、供暖系统、通风系统、空调系统、照明系统、变配电系统、其他用能设备系统运行时间表；以及用能管理情况等。能耗诊断可采取数据统计分析、现场仪器测试、问卷调查等方式。

全年空调累计总耗能量则需要按全年实际运行的能耗记录数据进行分析整理获得，如建筑终端用能系统实行了分项计量收费，空调工程全年能耗量可以直接获得，否则，必须根据全年能源消耗量的逐月变化与当地气候、建筑空调系统使用情况等通过分析获得。运行能效比可以对建筑寿命周期内建筑运行阶段的空调能效水平进行评估，是全寿命周期评价中最主要和最关键的指标。运行能效比高的系统，其运行过程中的能源浪费量最小，能源利用效率最高。

目前，采取现场对建筑空调系统冷热耗量和输入能耗进行检测，一般也是选择典型季节的典型工况，很难全年跟踪实测，通过数据处理与分析对全年运行能耗做出近似判断，可给出定性结论，但定量指标上必然存在差异，误差范围需要深入研究。被评建筑全年累计耗冷量与累计耗热量可以通过参考建筑采用能耗模拟计算获得，而年耗能量因时间不同，同一空调工程的运行能效逐年不同，且模拟计算的气象参数年度不是实际年度，外部气候条件会影响到空调工程全年的运行工况，从而影响到运行能耗水平。这就为采用运行能效比指标分析建筑能耗水平带来操作上的障碍。

4. 综合判断

通过综合判断，对于先天高能耗建筑，或设计节能但无终端用能系统分项计量措施的运行高能耗建筑，则需要进行节能技术改造，根据节能改造潜力和经济成本来确定节能改造技术路线。对既有高能耗建筑，通过运行能效比与装机能效比的关系研究，可以判断工程安装、设备容量和运行管理环节中影响建筑运行能效的主要因素，从而针对性地制定节能改造方案。根据建筑终端用能系统是否分项计量、是否冷热量计量收费、有无建筑节能考核的奖惩制度、建筑设备管理人员是否进行节能专项培训等情况对建筑运行管理与控制水平进行评估。对建筑用能水平低于限值、建筑终端用能系统没有分项计量的系统，则需要进行节能技术改造，同时实施空调工程各子系统用能设备分项计量改造。

10.5.3 既有空调工程能效评价判断模型

通过建立参照模型计算空调工程寿命周期能效限值，作为既有空调工程是否开展节能技术改造的判据。

空调节能改造判别模型的建立也可采用专家系统技术，以节能设计标准和中央空调系统节能运行规范为技术基准，利用建筑模拟软件分析，规定现行工程应当比模型节能一定程度。综合考虑节能程度和节能成本，作为节能改造技术水平先进性的评价标准。参照模型与实际工程在原始条件、冷热源设置、冷热媒输配和最终空气处理方式都是完全相同的，可得到不同类型空调工程的能效限值。分析人员计算出实际工程能源利用效率高于参照模型能效限值的空调系统为节能运行判据。若低于参照建筑的能效限值，则需要进行节能技术改造。如果在模型中嵌入能源价格指标和运行费用体系，就能对节能量及节能改造成本进行描述和评价，使对节能技术改造决策的评价更全面充分。

根据《建筑能耗统计方法》《建筑节能管理规定》《空调通风系统运行管理规范（GB50365）》等规范或规定，统计计算空调工程装机能效比，并分析建筑设备全年的运行状况，计算空调工程全年运行能效指标——运行能效比。当建筑能效限值标准出台或能效水平实现公示后，与当地同类型建筑能耗基数或限值对比，判断空调工程运行能效现状，从而确定空调项目是否应优先开展节能改造。采用空调工程的运行能效指标，还可以分别对冷热源系统的能源转换效率、输配系统效率和空气处理设备的实际效率进行各子系统能效水平分项评价，这就需要空调系统本身采用了分项计费方式为前提。上述分析与判断程序模型如图10.3所示。

空调工程能效诊断模型的建立可采用专家系统技术，以节能设计标准和中央空调系统节能运行规范为基准，利用建筑能耗统计和能效评价软件分析，综合考虑节能潜力和节能成本，作为节能改造技术水平先进性的评价标准。通过能效诊断，在模型中嵌入能源、设备及材料价格指标和运行费用体系，就能对节能量及节能改造成本进行描述和评价，使对节能技术改造决策的评价更全面充分。

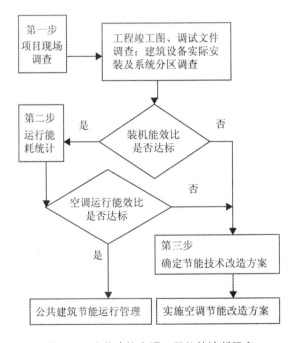

图10.3 公共建筑空调工程能效诊断程序

案例－既有建筑暖通空
调节能改造案例

10.6　通风空调系统调适

10.6.1　系统调适概述

调适（Commissioning）最早起源于欧洲的船舶制造行业。1986 年以后，中原信生首次将美国 ASHRAE 学术研讨会上有关对建筑空调系统进行Commissioning的学术思想引入日本，2004 年日本供热空调与卫生工程协会（SHASE）制定并发布了第一版的空调系统Cx指导手册。20世纪90年代后，中原信生在清华大学将Commissioning的学术思想引入中国。调适不同于调试，调试是对各个系统在安装、单机试运转、性能测试、系统联合试运行的整个过程中，采用规定的方法完成测试、调整和平衡的工作；而调适是通过对空调通风系统的调试、性能验证、验收和季节性工况验证进行全过程管理，以确保实现设计意图和满足用户的实际使用要求的工作程序和方法。

建筑调适已成为确保建筑系统安装和操作能达到设计预想功能的首要方法，ASHRAE协会在《ASHRAE 1996》1996-01指南中详细介绍了空调系统的调适过程。持续调适（Continuous Commissioning^{SM}，简写CC^{SM}）是建筑系统一个持续的调适过程，用于解决建筑系统运行问题，提高建筑室内环境舒适度，优化建筑能源的使用。CC^{SM}就是通过提出空调系统最优或应该的设计、运行和维护的方法、形式和模式，并以此来诊断和验证实际空调系统的性能，在满足业主及用户需求的前提下，提出改善和提高空调系统性能的方案和建议，从而保证全寿命周期内建筑在能源消耗、室内环境质量、对周围环境的影响、建筑设备系统的维护管理等方面都保持较优的运行和使用状况。

CC^{SM}致力于优化目前正在使用中的建筑物的整体系统控制和操作，它通过制定新的运营和维护计划，确保建筑物和系统以最佳方式运行且满足当前的使用需求。在调适过程中，先对建筑功能和系统功能进行全面的工程评估，根据实际建筑条件和当前的使用需求制定系统最佳运行控制参数和控制时间表，以确保局部和全局系统最优化和持续改进调适计划。CC^{SM}团队由一名项目经理，一名或多名CC^{SM}工程师和技术人员以及一名或多名设施运营团队指定成员组成。项目经理的主要职责是协调建筑人员和调试团队的活动，并安排项目进度。项目经理可以是业主代表或CC^{SM}承包商代表。CC^{SM}工程师的主要职责包括：制定计量和现场测量计划；制定运营计划和控制时间表以及设定重点；对楼宇自动化系统进行必要的编程更改；监督实施机械系统变更的技术人员；评估性能表现潜力和节能；对系统进行工程变化分析；撰写项目报告。CC^{SM}工程师应具备执行相应工作的资格。CC^{SM}技术人员将在CC^{SM}工程师的指导下进行现场测量、仪器使用，以及电气和控制系统程序的修改和更新。

10.6.2 通风空调系统调适

大型或功能复杂的公共建筑通风空调系统应进行调适，包括项目立项、资料收集、检查与测试、分析与诊断、整改实施和效果验证六个阶段。室内环境调控运行节能系统调适技术主要有：

1. 合理控制室内空气温、湿度

从节能角度出发来确定室内温、湿度标准是暖通运行节能的重要因素。在保证生产工艺与人体健康的条件下，夏季室温每提高1℃，约可减少冷负荷11.2%。在夏季如将室内空气湿度由60%提高到70%，则可节约能量17%左右。据资料测算，仅仅将夏季室温提高1℃，就可使空调工程投资总额降低约6%，运行费用减小8%左右。美国国家标准局认为将夏季室温从24℃提高26.7℃，可节能15%。

2. 合理控制新风量

新风负荷一般占空调总负荷的20%~40%，对新风标准值高低的取舍，与节能关系重大。引进新风主要是为了满足人员的卫生需求及部分工艺空调所需维持的室内外压差，而新风量的多少直接影响空调系统负荷，从而影响空调系统的风机、冷水泵、压缩机、冷却水泵、冷却塔风扇的耗电。大型酒店、宾馆的公共场所，商场、餐厅、多功能厅及大型会议厅等，需要送入的新风量较大，应以室内空气中二氧化碳含量来控制新风量。在整个系统的实际运行中室外空气温、湿度随季节而变化，新风负荷也随之变化。因此，及时调节好新风与回风的比例就可以实现运行节能。例如，日本某商场在周一到周五将新风减少50%，总冷负荷减少了30%。

3. 合理控制冷冻水的供、回水温差

一般空调水系统的输配用电，在夏季供冷期间约占整个建筑动力用电的12%~24%。目前设计中供、回水温差一般均取5℃，实际运行中大流量、小温差现象普遍存在，夏季冷冻水系统供回水温差较好的为3~4℃，较差的只有1~1.5℃，造成实际水流量比需要的水量大，使水系统水泵电耗大大增加。

4. 冷却水系统节能运行调节

冷却水入口温度应在符合冷水主机特性及室外气温、湿球温度的限制下尽可能地降低，以节约冷水主机的耗电。实测表明，冷却水入口温度每降低1℃，可节电

1.5%~2.0%。在较低的冷却水温时冷水主机耗电降低，但冷却水塔耗电升高，两者耗电之和存在一个最佳运转效率点。要达到最优化控制，冷却水设定温度应随室外气温、湿球温度而变。减少冷却水循环量，可以降低冷却水泵耗电量。冷却水塔应与冷水主机的运转一起考虑，才能使系统整个效率提高。若能配合冷水主机与冷却水塔选择较大温差的设计时，水流量即可降低，从而减少冷却水泵的初装费用和运转费用。在大多数的设计中，一台冷水主机搭配一台冷却水塔，且水塔起停与冷水主机联动。由于大、中系统冷水主机台数偏多，使得冷却水塔台数也多，不易管理及维护，且无法随着空调负荷及室外气温条件变动而调整水塔风机耗电量。风机的数量可随处理水量的增大而增加。当水处理量大于300m³/h以上时，方形冷却塔可实现多风机控制，可随着夏季室外湿球温度的变化随意增减风机数量，用于昼夜温差较大的地区更有利于节能。

5. 合理调整冷水主机的设定温度

冷水供水温度越高，则主机耗电率越低。适当地调整冷水主机的设定温度可收到较好的节能效果。每提高1℃，节电约3%。在调高冷水设定温度时，需考虑负荷侧的温度要求。调高冷水的设定温度有两种方法：一是冷水温度随室外气温设置；二是冷水温度随房间冷负荷设置。

6. 暖通空调系统能源监测技术

（1）优化能源系统运行时间。针对不同功能建筑制定并优化运行时间策略。譬如，歌舞厅、酒吧等消夏娱乐场所的经营时间通常仅为晚场营业，时间约19~22时。营业前2~4小时将空调系统投入运转，利用围护结构的蓄冷能力使厅内的温度慢慢下降至设计温度的下限值或略低于该值。这样当营业后室内热源散热逐渐增加形成峰值时，空调设备仍能在低于峰值负荷下正常运行，达到了"预冷"降低空调设备容量的目的，大约相当于减少了设计冷负荷的25%。

（2）实施能源分项计量和能耗分项计量。采用一定的计量方法加强系统运行用能的管理。节能计量监测是节能管理的基础，在供冷、供热系统中，应设置温度、压力、水流量、冷热量等监测仪表；对用电量、燃料消耗量、用水量等应分级、分类设置累计计量仪表；对分散设置的空调器、空调机组的用电量，应按配电系统、机组的分散程度，设置电度表。

（3）优化暖通空调自控系统。利用BAS系统和机房群控系统，实现建筑设备的自动启停和监测；同时根据系统的实际运行情况对房间参数进行自动调节，实现建筑供能系统的节能、经济运行。

总之，通风空调运行管理人员应掌握系统实际运行能耗情况，定期调查能耗分布状况，分析节能潜力，并提出节能运行策略与节能改造建议。通风空调系统运行使用中宜采用无成本或低成本措施，并对通风空调系统进行调适，对用能进行监测、统计与评价。

 案例 – 全空气系统调适与运行控制

 案例 – 某医院暖通空调工程持续调适

10.7 暖通空调系统使用后评价

在我国，很多刚建成十几年甚至几年的建筑就被拆除了，而它们的使用功能完好甚至还崭新；同时，大规模、大范围的建筑改造使我国建筑寿命普遍低于欧洲国家的平均水平。

使用后评价的英文全称为Post Occupancy Evaluation，简写为POE。Reizenstein 教授在1980 年将POE定义为"关于人类使用者对已经投入使用的人工环境使用效能的检测。"使用后评价理论正在尝试着回答以下方面的问题："这个建筑运行得如何？"以及"未来建筑能如何改进？"回答这些重大问题能够评价建筑运行并对客户、行业及未来建筑的建造和更新管理程序提供建议。

建筑后评估是指对已完成建筑的建造目的、执行过程、效益、作用、影响和建筑物及其环境在建成并使用一段时间后进行的一套系统的、客观的评价程序和方法，其原理是通过对建筑与规划的预期目的与实际使用情况加以对照、比较，收集反馈信息，以便为将来同类建筑与环境的规划、设计和建筑决策提供可靠的客观依据。

影响建筑能效的因素有很多，但主要的因素为：建筑设计与围护结构性能设计参数、建筑需求负荷、建筑设备性能、建筑运行和管理、室内舒适性要求。根据以上各影响因素，将建筑能效的评估指标先确定其评估内容，进而确定其指标，根据各指标性质及其与建筑能耗间的关系，可将其分为三大类，即规定性指标、性能性指标和影响性指标进行层次性评估。建筑节能示范工程高能效性后评估流程如图10.4所示，其中暖通空调系统的运行管理水平对建筑能效水平影响最大。

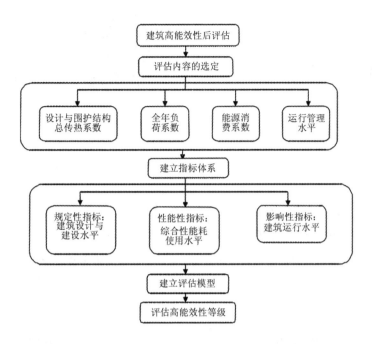

图10.4 建筑节能示范工程高能效性后评估流程

通过使用者对建筑总体满意程度调查，形成评估报告，这是使用后评价调查的最主要内容之一；对建筑的综合性能做出评价，使用后评价已经开始逐渐向全面的建筑性能评价（Facility Performance Evaluation，简写FPE）过渡，使用后评价在具体操作中应该主要针对建筑的各方面使用性能进行评价，尤其是人环控制系统，如图10.5所示。

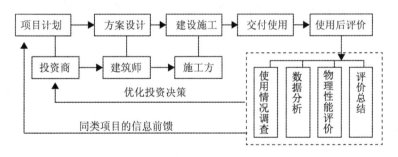

图10.5 使用后评价介入的设计过程流程图

使用后评价对于整个建筑生命周期的末期最重要的一环就是，建筑使用后评价能够形成相对系统的反馈机制。建筑性能评价框架发展就是为了扩展使用后评价的反馈机制，它包括影响建筑的投资者和决策者，其反馈的内容主要体现在对使用者满意度评估和对建筑综合性能做出评价。

拓展 – 空调工程系
统调试方案报告参
考模板

拓展 – 传染病医院
通风空调系统的运
行管理制度

本章小结

　　本章主要讲述暖通空调系统的日常运行管理制度，重点介绍了暖通空调系统的运行能效指标计算方法，对既有建筑暖通空调系统节能改造原则、判定程序进行了分析说明，对工程项目使用后评价进行了介绍，并结合工程实际案例进行拓展训练。

达成评价

学习成果	自我评价
我熟悉了暖通空调运行能效指标计算方法	□很好 □较好 □一般 □较差 □很差
我明白了既有建筑空调系统节能改造的判定原则与方法	□很好 □较好 □一般 □较差 □很差
我初步掌握了项目使用后评价的内容与方法	□很好 □较好 □一般 □较差 □很差
我理解了工程案例中系统节能运行常见问题	□很好 □较好 □一般 □较差 □很差
我熟悉了暖通空调日常运行管理制度	□很好 □较好 □一般 □较差 □很差

习题与讨论

一、单选题

1. 为防止冷却水结垢，应控制冷却水的：

　　A. 酸碱度　　　　　　　　　　　　B. 悬浮物浓度

　　C. 硬度　　　　　　　　　　　　　D. 温度

2. 开式冷却循环水系统的水质处理的方法有：

　　A. 排污法和化学法　　　　　　　　B. 酸化法和淋化法

　　C. 碱化法和氮化法　　　　　　　　D. 补水法和排污法

二、多选题

1. 空调冷冻水的水质处理常用方法，包括：

A. 软化水
B. 投加缓蚀剂

C. 投加复合水处理剂
D. 除氧

2. 水系统管路中水垢的危害包括：

A. 降低热交换效率
B. 增大水流阻力，降低过水面积

C. 加速金属腐蚀
D. 直接破坏机器设备

3. 集中空调系统经济节能运行的措施有：

A. 合理确定开停机时间
B. 合理使用室外新风

C. 防止房间过冷或过热
D. 合理确定室温标准

E. 水泵采用变流量运行

三、简答题

1. 通风空调系统风机的日常运行维护要求有哪些？

2. 空调系统日常操作准备工作有什么？

3. 对空调系统的电控部分有哪些主要检查内容？

4. 恒温恒湿空调机组维护与保养的要求是什么？

5. 冷却水系统运营过程中的水质管理有哪些内容？

6. 简述暖通空调全过程节能的主要途径或方式有哪些？

7. 建筑运行中加强被动措施节能管理具体包括哪些方面？

8. 调试和调适的区别是什么？

9. 公共建筑机电设备节能运行管理应遵循的基本原则或规定有哪些？

四、论述题

1. 空调机组开机都有哪些准备工作？

2. 公共建筑供暖房间的运行温度是如何规定的？为什么？

3. 公共建筑空调房间的空气温度是如何规定的？为什么？

参考文献

[1] 孙长玉, 袁军. 供热运行管理与节能技术[M]. 北京: 机械工业出版社, 2008.

[2] 陆亚俊. 暖通空调[M]. 2版. 北京: 中国建筑工业出版社, 2007.

[3] 江亿, 姜子炎. 建筑设备自动化[M]. 北京: 中国建筑工业出版社, 2007.

[4] 李金川, 郑智慧. 空调制冷自控系统运行与管理[M]. 北京: 中国建材工业出版社, 2002.

[5] 霍小平. 中央空调自控系统设计[M]. 北京: 中国电力出版社, 2004.

[6] 龙惟定, 武涌. 建筑节能技术[M]. 北京: 中国建筑工业出版社, 2009.

[7] 付祥钊. 夏热冬冷地区建筑节能技术[M]. 北京: 中国建筑工业出版社, 2002.

[8] 张学助, 王天富. 空调试调[M]. 2版. 北京: 中国建筑工业出版社, 2012.

[9] 李炎锋. 暖通自动化控制[M]. 北京: 北京工业大学出版社, 2006.

[10] 中华人民共和国住房和城乡建设部. 空调通风系统运行管理标准: GB50365-2019[S]. 北京: 中国建筑工业出版社, 2019.

[11] 中华人民共和国住房和城乡建设部. 公共建筑节能设计标准: GB50189-2015[S]. 北京: 中国建筑工业出版社, 2015.

[12] 中华人民共和国住房和城乡建设部. 民用建筑供暖通风与空气调节设计规范: GB50736-2012[S]. 北京: 中国建筑工业出版社, 2012.

[13] 中华人民共和国住房和城乡建设部. 公共建筑节能检测标准: JGJ/T177-2009[S]. 北京: 中国建筑工业出版社, 2010.

[14] 中华人民共和国住房和城乡建设部. 清水离心泵能效限定值及节能评价值: GB19762-2005[S]. 北京: 中国建筑工业出版社, 2005.

[15] 中华人民共和国住房和城乡建设部. 采暖居住建筑节能检验标准: JGJ132-2001[S]. 北京: 中国建筑工业出版社, 2001.

[16] 中华人民共和国住房和城乡建设部. 采暖通风与空气调节工程检测技术规程: JGJ/T260-2011[S]. 北京: 中国建筑工业出版社, 2011.

[17] 重庆市建设委员会. 公共建筑采暖、通风与空调系统节能运行管理标准: DBJ50-081-2008[S]. 重庆市建设委员会, 2008.

[18] 李志生. 中央空调施工与调试[M]. 北京: 机械工业出版社, 2010.

[19] 龚少博. 冰蓄冷系统的控制策略[J]. 楼宇自动化, 2007（3）: 32-25.

[20] 许淑惠, 马麦囤, 王娟. 空调循环水泵变频控制方法的应用探讨[J]. 北京建筑工程学院学报, 2007（3）: 18-21.

[21] 陈建胜. 变风量空调系统控制方式[J]. 福建建设科技, 2005（3）: 53-54.

[22] 余晓平. 建筑节能科学观的构建与应用研究[D]. 重庆: 重庆大学, 2011.

[23] 余晓平, 付祥钊. 室内相对湿度对夏热冬冷地区新风耗冷量的影响[J]. 建筑热能通风空调, 2001, 21
（2）: 4-8.

[24] 余晓平, 付祥钊. 室内设计温度对夏热冬冷地区新风冷热耗量的影响[J]. 暖通空调, 2003, 33（2）: 40-
43.

[25] 余晓平, 黄大勇, 李炎, 等. 重庆某酒店中央空调系统运行管理现状及能耗分析[J]. 建筑节能, 2007(3):
38-41.

[26] 余晓平, 付祥钊, 肖益民. 既有公共建筑空调工程能效诊断方法问题探讨[J]. 暖通空调, 2010, 40（2）:
33-38.

[27] 余晓平, 付祥钊. 室内空气设计参数与空调系统节能条件浅析[J]. 建筑科学（可持续建筑）, 2010（2）:
41-46.

[28] 刘清江, 韩学庭. 中央空调运行管理节能问题的研究[J]. 上海节能, 2006（3）: 59-61.

[29] 何金刚, 王磊, 吴杨. 节能环保技术在暖通空调系统中的应用[J]. 建筑节能, 2008（7）: 6-9.

[30] 张小松, 夏鸎, K.T.Chan. 风冷冷水机组部分负荷时的节能优化运行策略与性能分析[J]. 暖通空调,
2004, 34（2）: 78-82.

[31] 介鹏飞, 李德英. 供暖系统运行管理的探讨[J]. 建筑节能, 2009（1）: 3-4.

[32] 白振宇. 供暖系统运行中的常见问题及处理[J]. 热能动力工程, 2003（3）: 315-316.

[33] 徐伟译. 地源热泵技术指南[M]. 中国建筑工业出版社, 2001.

[34] 中国建筑科学研究院. 城镇住宅供热计量技术指南[M]. 建设部, 2004.

[35] 应试指导专家组. 全国注册公用设备工程师执业资格考试习题精练暖通空调专业专业知识和专业案
例[M]. 北京: 化学工业出版社, 2008.

[36] 沈晋明. 2008执业资格考试丛书·全国勘察设计注册公用设备工程师专业考试复习题解与自测试题
（暖通空调专业）[M]. 北京: 中国建筑工业出版社, 2008.

[37] 荣剑文. VAV空调系统的几个控制策略[J]. 制冷空调与电力机械, 2007（4）: 19-22.

[38] 张俊芳, 张欢. 集中供热系统节能运行的评价体系[C]//中国建筑学会暖通空调分会、中国制冷学会
空调热泵专业委员会.全国暖通空调制冷2008年学术年会论文集.中国制冷学会, 2008: 11.

[39] 王晓, 屈睿. 大型商场"烟囱效应"改造设计探讨——以武汉某商场为例[J]. 建筑热能通风空调,
2010, 29（6）: 81-83, 93.

[40] 刘猛, 钱发, MCKINNELL Keitha, 等. 夏热地区商场类建筑集中空调系统全新风运行性能分析[J]. 土木
建筑与环境工程, 2011, 33（3）: 94-99.

[41] 刘明谦, 李欣. 冷却循环水系统水质问题初探[J]. 制冷与空调, 2010, 10（6）: 26-28, 32.

[42] 严宙宁, 牟敬锋, 袁梦, 等. 公共场所集中空调冷却水水质及其与嗜肺军团菌污染的关系[J]. 环境与职

业医学, 2014, 31（6）: 434–437.

[43] 陈滨, 朱元彬, 周敏, 等. 居住建筑物联网室内健康环境实时监测系统构建及应用[J]. 暖通空调, 2018, 345（6）: 96–101，114.

[44] 田芳, 翟辉. 完成建筑全生命周期循环——使用后评价[J]. 华中建筑, 2013（9）: 59–61.

[45] 吴立明. 上海市集中空调通风系统运行卫生管理要求研究[D]. 上海: 复旦大学, 2008.

[46] 曲苗苗. 北京儿童医院急救楼输液室通风改造工程[J]. 安全, 2013（1）: 13–16.

[47] 卜震, 辛晶晶, 郑竺凌. 实际居住条件下的室内通风环境测试分析[J]. 建筑科学, 2015, 31（10）: 139–145.

[48] 南倩. 陕西地区居住建筑空气源热泵供暖系统应用研究[D]. 西安: 西安建筑科技大学, 2018.

[49] 肖德平，李永亮. 商场建筑新风节能技术探讨[J]. 建筑节能，2011, 39（2）: 16–18, 25.